爱上当家美味
AISHANG DANGJIA MEIWEI

JIECHAN
ROU
XIANGXIANG

艾米 解馋肉香香

只有喜欢吃肉的人才会懂得那种由心而发的幸福感

艾米 / 著

浙江出版联合集团
浙江科学技术出版社

图书在版编目（CIP）数据

　　艾米·解馋肉香香 / 艾米著. — 杭州：浙江科学技术出版社，2016.1

　　ISBN 978-7-5341-6934-2

　　Ⅰ. ①艾… 　Ⅱ. ①艾… 　Ⅲ. ①荤菜 – 菜谱　Ⅳ. ①TS972.125

　　中国版本图书馆CIP数据核字（2015）第241757号

书　　　名　艾米·解馋肉香香
著　　　者　艾　米

出 版 发 行　**浙江科学技术出版社**
　　　　　　地址：杭州市体育场路347号　　邮政编码：310006
　　　　　　办公室电话：0571-85176593
　　　　　　销售部电话：0571-85176040
　　　　　　网址：www.zkpress.com
　　　　　　E-mail：zkpress@zkpress.com
排　　　版　杭州兴邦电子印务有限公司
印　　　刷　杭州下城教育印刷有限公司
经　　　销　全国各地新华书店

开　　　本　787×1092　1/16　　　　印　　张　10
字　　　数　153 000
版　　　次　2016年1月第1版　　　　印　　次　2016年1月第1次印刷
书　　　号　ISBN 978-7-5341-6934-2　　定　价　38.00元

责任编辑　王　群　　　　　　　　**责任美编**　金　晖
责任校对　沈秋强　　　　　　　　**责任印务**　徐忠雷
特约编辑　胡荣华

吃肉的幸福

如果你问身边的人"你学会的第一道菜是什么？"相信绝大多数人的回答是"番茄炒鸡蛋"。如果你接着问"你觉得最解馋最难忘的菜是什么？"虽然会得到各种回答，但我相信绝大多数人的回答都会与肉有关。

肉对于我们大多数人来说，不只是食物那么简单，更是能给我们带来愉悦、满足和幸福的感觉。童年时物质条件不如现在这般充裕，经常一个月才能吃到两三次肉，现在看来最平凡的土豆炖肉却是童年记忆中最难以忘记的美味。

即便是在生活富足的当下，大多数人仍然无法放弃对肉类的喜爱，很多人也仍然是无肉不欢。"三月不知肉味"只是圣人的境界，对于我们这些凡夫俗子来说，更多希望的是去体会大碗喝酒大口吃肉的豪爽感觉。面对一道肉菜，有人想到的是胆固醇超标，会预见身材走样，会意志坚定地调转筷头奔向素菜；还有人会想到能够从肉类当中得到丰富的营养、健康的身体；但对于我而言，吃肉更多能让自己感觉到的是放下筷子后那难以用言语形容的满足和愉悦。只有喜欢吃肉的人，才会懂得那种由心而发的满足和愉悦。

这本书里收录的肉菜也许并不是你想象中的味道香浓的解馋肉菜，也许有些菜在你看来过于清淡。其实清淡和解馋并不是矛盾的，浓油赤酱的红烧肉固然能让人大呼过瘾，但只用葱姜清水煮出来的肉其实也香得别有一番滋味。任何一种肉菜、任何一种做法都有属于自己的独特韵味，不要轻易拒绝尝试，否则会错失一种不一样的味觉体会。如果你喜欢吃肉，如果你想体会吃肉的幸福，不妨来看看这本书吧。

感谢我最爱的老李和家人，感谢他们能够一直做我厨艺的"小白鼠"，认真品尝我的每一道新菜，并且能够提出中肯的意见，让我在不断推陈出新的同时保证每道菜的味道和品质。感谢认真负责的编辑，在这本书的整个编写过程中一直严格要求，保证每一张图片和每一段文字的质量。

艾米

解馋肉香
JIECHAN ROU XIANGXIANG
馋肉香

关于这本书，关于这些菜，

艾米有话说 ……

① 这里的菜都是我家里常吃的菜，所以做法真的不敢说正宗，如果你有什么质疑或者更好的建议，欢迎你来跟我说。

我的信箱 25729070@qq.com

新浪微博ID：肖艾米

② 做菜其实是件可以随心所欲的事，不要被菜谱上的一些数字或者步骤所约束。根据自家的口味和现有的调料做一些增减，你会得到更满意的味道。

书中提到的1茶匙相当于5毫升或5毫克的量，1汤匙相当于10毫升或10毫克的量。

③ 这本书中几乎每道菜的配料里用到的盐都没有写具体的用量，只是写了"适量"。不是想偷懒，只是每个人对咸淡的感觉并不一样，也许我觉得刚好的用量，在别人那里就变成了过咸或者过淡，所以还是那句话，根据自己的口味来放盐就行了。提醒一下，各式酱料里都含有或多或少的盐分，这部分的盐不要被忽略。

④ 每道菜我都写了一小段文字，有的是诉说我自己的心情的，有的是关于菜的典故或者传说的，如果这其中有一些文字在你看来写得不够好，那么请你原谅，我只是一个喜欢做菜的小煮妇而已。

⑤ 有些菜在你第一眼看到的时候，也许你会觉得"这个菜这么做不可能好吃"。你有这样的想法很正常。我想说的是，你不妨先去掉这个想法，动手做出来尝尝，也许你的私人菜单上就会多一道好吃的菜。

"败家"煮妇总是能买到新鲜的菜

如果你在网络上搜索"怎么买到新鲜的菜"，网络会告诉你无数的答案，可这里要说的是你在网络上找不到的方法。

我的方法其实很简单，就是"和菜贩做朋友"。搬到现在住的小区4年多了，一直都在固定的摊位买菜，也许在别人看来，我并不是个精明的煮妇，有时买菜遇到如6.7元这样的价钱时，就索性给菜贩7元，那3毛钱也不要了，卖菜大姐满脸的不好意思，我就说存着吧，下次买东西再一起算。久而久之，卖菜大姐觉得不好意思，就自己主动给抹零，或者当我买很少量的菜时，如一棵葱或者一两头蒜之类的就索性不收钱了。

有些菜通常是不让挑选或者只能成捆出售的，但对于我来说，可以随便挑选，捆好的菜也可以拆开买。有时想买的菜不够新鲜，卖菜大姐还会偷偷提醒我。遇到我想要买却没有的菜，可以提前和卖菜大姐说好，第二天去进货的时候帮我带回来。因此，我家的餐桌上经常会出现别人买不到的菜。

当然，并不是说要像我一样"败家"，而是说不要总是和菜贩斤斤计较，要与他们做朋友，这样不需要你去费力挑选，就能买到新鲜的菜。

上桌前给你的菜做个美容吧

常听见人说"我做的菜其实味道很好，可别人总是说看着就没食欲！""我就是照着你的菜谱做的，为啥没你做的好看？"别着急，听我慢慢给你解答。

首先，餐具的选择很重要。最好不要用彩绘的碗盘，撇开健康与否的问题不谈，彩绘的餐具是最不能衬托菜品"美貌"的，最能衬托菜品"美貌"的是白色的陶瓷餐具。

其次，摆盘很重要。这里说的摆盘并不是饭店那样专业的摆盘，只是在盛好菜之后用筷子将菜整理一下，然后用厨房纸巾将盘边淋漓不净的汤汁擦干净。

再次，做好的菜最好用稍大的餐具来盛装，装盘太满会影响菜品的美观。尤其是汤菜或者炖菜，千万不要盛得太满，不要出现那种稍稍一碰汤汁就会溢出来的样子。这样的菜往往会让人还没吃就觉得"饱"了。

最后，给自家的餐桌选一块漂亮的餐布，不要选颜色和图案过于鲜艳的，最好选用颜色素淡的棉麻桌布。如果担心会被菜汤弄脏，在上面铺一块薄薄的水晶板就好了。一块颜色适宜的桌布，绝对能把你做的菜衬托得更为美貌。

忙碌的上班族也可以在家做晚饭

与朋友聊天，或者坐公交车的时候，偶尔能听见这样的对话："我也想在家吃晚饭啊，可是我下班回家就已经天黑，做饭也来不及啊。"对于北京、上海、广州这样的大城市，也许很多人下班回家已经是晚上七八点钟。其实，做菜真的没有人们想象的那么费时间。

以前我上班的时候，回到家的时间也晚，可我还是能在30分钟左右的时间里做出略显丰盛的晚饭，有炒菜有炖菜，甚至还有饺子、馄饨之类的。

1. 饺子、馄饨之类的可以事先包好，然后分成若干份，用保鲜袋装好，放进冰箱冷冻，想吃的时候烧好水直接下锅煮就行。利用烧开水的时间，你还可以准备些蒜泥、醋、生抽之类的蘸料。

2. 提前把第二天要吃的蔬菜摘洗好，需要切的提前切好，然后用密封的容器装好，放进冰箱冷藏，下班回家时直接拿出来就可以下锅炒。

3. 如果主食打算吃米饭的话，下班回家的第一件事就是焖米饭，然后利用焖米饭的时间做菜。也可以利用电饭煲的预约功能，早上出门前把米和水都放进电饭煲，定好时间就行了。

4. 至于需要久炖的牛肉或者红烧肉之类的菜，就更好做了，提前将肉炖好，然后连汤一起分成几份，放进冰箱冷冻，吃的时候直接拿出来下锅重新烧开或者与其他配菜一起炖。

你看，如果按照我上面说的几种方法，你也能在下班回家的30分钟内做出香喷喷的晚饭！

用较短的时间学做更多的菜

　　也许你会说，我很忙，我没有你那么多的时间去学做菜，怎么办？其实学做菜并不像学习烘焙那样需要很多的时间。我也没有花太多的时间去学做菜，只要你和我一样"耍个小聪明"，就能用较短的时间学做更多的菜。

　　我说的"耍小聪明"就是"举一反三"。我给你举几个例子吧：书里的那道"宫保虾球"，就是我从宫保鸡丁这道菜演变而来的，如果你喜欢，还可以把虾球换成牛柳，至于味道，就得做好之后亲自品尝了。书里的"剁椒蒸小黄鱼"，你也可以换成别的鱼或者虾（嗯，剁椒蒸大虾我还没试过，以后得试试），或者娃娃菜、金针菇之类的素菜。

　　最适合"举一反三"的菜就是红烧肉，书里有一道"红烧肉烧豆结"，你可以把豆结换成土豆、鹌鹑蛋、芋头、慈姑或者高级的小鲍鱼、海参。所谓铁打的红烧肉，流水的配菜，每换一种配菜都是一道新的菜肴。

　　这样的"耍小聪明"你学会了没有？要是你通过这样的"耍小聪明"做出了很特别的菜，记得要和我分享哦！

目录 MULU

 过瘾解馋猪肉 香

健体暖身牛羊好

57 酸菜烧牛肉

59 麻汁肥牛

61 它似蜜

63 香辣羊排（烤箱版）

65 炝拌牛肉丝

67 飘香牛尾

69 干煸牛肉

71 羊肉串（烤箱版）

72 水煮牛肉

75 土豆烧牛肉

77 肥牛金针卷

79 清炖牛肉

81 卤牛肉

82 黑椒杏鲍菇牛肉粒

85 夫妻肺片

87 黑椒牛排

清香四溢鸡肉 美

92 糖醋鸡翅

95 红烧鸡块

96 五香熏鸡

98 煎酿鸡翅球

101 花菇木耳蒸鸡

103 豉油鸡

105 蒜香烤鸡翅

107 辣炒鸡胗

109 怪味手撕鸡

111 盐水鸡腿

113 金沙鸡卷

115 板栗烧鸡腿

116 辣子鸡

119 香辣鸡杂

120 菠萝咕咾肉

123 香脆炸鸡翅

麻辣嘴香水产**鲜**

129 剁椒蒸小黄鱼

130 蒜蓉蒸鲜贝

133 川香三文鱼头

135 鹌鹑蛋炖鲫鱼

137 口水鱼片

139 麒麟鲈鱼

141 避风塘炒蟹

143 馋嘴牛蛙

145 宫保虾球

147 酱爆鱿鱼

149 糖醋鱼块

151 香辣烤虾

153 熘炒鱼片

155 辣炒蛤蜊

157 家常烧带鱼

158 川辣炒鱿鱼

过瘾解馋猪肉香

猪肉要这样挑选

新鲜的猪肉带有猪肉本身新鲜的香味，而不够新鲜的猪肉会有氨水味或其他异味。

新鲜猪肉的肉皮洁白且有光泽，瘦肉为均匀的红色，脂肪颜色白润且有光泽。不新鲜的猪肉和注水猪肉的瘦肉部分颜色多为深红色或紫红色，脂肪部分颜色呈灰色且没有光泽。

用手指去轻轻按压猪肉的表面，新鲜的猪肉弹性很好，按压后能立刻恢复原状，表面微干或者微湿润。注水猪肉弹性差，用手指按压后不能立刻恢复原状，肉的表面会有水分渗出，看起来湿漉漉的。

▪ **注意喽**

猪肉作为人们餐桌上最常见的肉食之一，一般人群都能食用。但猪肥肉多食令人虚肥，生痰湿，容易引起胃肠饱胀或腹胀腹泻，所以患高血压或冠心病的人及肠胃较弱的老人和小孩应少食猪肥肉。

解馋肉香香

过瘾 解馋猪肉香

　　什么肉最解馋？什么肉最香？必须是猪肉啊！如果以"香"作为评判肉类是否好吃的标准，猪肉认第二的话，就绝对没有别的畜肉敢认第一。细嫩的肉质，肥美的肌间脂肪，再配上合适的做法，成就了一道道餐桌上最引人下筷的大肉菜！

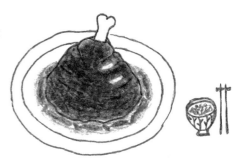

俗话说"诸肉不如猪肉"，猪肉是最为人们所接受的肉食。对于猪肉各部位的称呼，每个区域基于当地语言习惯或对猪肉的分割处理习惯而各有不同，所以这里所标注的称呼也许和你当地习惯的称呼不一致。因为篇幅有限，有些部位也没有介绍，望谅解。另外，这里所说的"适宜的做法"仅是推荐，你可以根据自家的口味和习惯来决定。

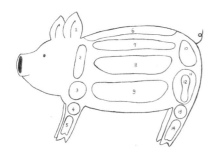

◆ 1. 猪耳朵

皮多肉少，胶质丰富，肉香不腻；肉里面是一层软骨，吃起来皮糯骨脆。挑选猪耳朵时要选表面没有突出的青筋，切断面肉质呈粉红色的为佳。适宜的做法是酱、卤、拌、炒等。

◆ 2. 颈肉

瘦中夹肥，略带脆性，肉质细嫩，颜色较淡。适宜的做法有烧、卤、炒、烤等，尤其适合做叉烧肉。质量好的颈肉并不是平时所说的"槽头肉"（也称"血脖"），"槽头肉"是宰猪时的刀口部位，多有血污，肉色发红，肉质绵老。

◆ 3. 前腿肉

也叫"夹心肉"、"前槽"，肉质半肥半瘦，肉老筋多，吸水性较强。适宜做法有炒、清炖、酱焖、红烧、做肉馅或肉丸等。

◆ 4. 前肘

也叫"前蹄膀"。肉质鲜嫩，皮厚筋多，胶质丰富，瘦多肥少。适宜的做法有炖、扒、酱、焖、凉拌等。购买时宜选择猪皮比猪肉长一点的猪肘，在烹制过程中猪皮的收缩程度要比猪肉的收缩程度大一些，选择猪皮长一点的猪肘才能使猪皮在烹制过程中包住猪肉，避免猪肉露出而在烹制过程中散碎脱落，让烹制好的猪肘更整齐美观。

◆ 5. 前蹄

也叫猪手。与后蹄相比，前蹄肉多骨少，呈直形，且皮厚筋多，胶质丰富，脂肪很少。挑选时不要挑选猪皮颜色过白的猪蹄，这样的猪蹄通常是化学药水处理过的。适宜的做法有清炖、红烧、酱卤、熏烤、凉拌、煲汤、蹄花冻等。

◆ 6. 脊骨

也叫猪龙骨。脊骨上的肉基本上都是瘦肉，但肉质鲜嫩不柴。脊骨里还有骨髓，骨髓软嫩不腻。适宜的做法有清炖、红烧、酱卤、煲汤等。

◆ 7. 里脊

又分大里脊和小里脊，脊椎骨上面的是大里脊，贯穿整个脊背，肉质较嫩，颜色较淡，外侧有一层薄板筋（板筋可以片下来切丝炒食）；小里脊是脊椎骨内侧一条肌肉，呈长条圆形，一头稍细，颜色要比大里脊深一些，肉质特别嫩。适宜的做法有炸、炒、烤、煲汤等。小里脊还很适合做叉烧肉。

◆ 8. 排骨

根据部位的不同，排骨可分为以下几种：小排（软肋）是指猪肋骨的末端，肉比较厚，没有硬骨，只有白色软骨，适宜的做法有煲汤、炖等。小排的上边是肋排（也叫"一字排"或者"精排"），肉薄且瘦，口感较嫩，适宜的做法有清炖、红烧、糖醋、烤等。前排是指靠近猪颈部的位于猪前腿上方的排骨，骨头宽扁，肉质嫩，适宜的做法有清炖、红烧、糖醋等。

◆ 9. 五花肉

是指位于前腿后、后腿前的腰排肉，肥瘦相间，呈五花三层状。位于肋条部分的肉质较佳，称为上五花，适宜的做法有红烧、炖、烤、炒、凉拌、做肉馅等。肋条以外的肉质较差的称为下五花，肥肉多，瘦肉少，肉质多呈泡泡状，食用口感不佳，多用于熬制猪油。

◆ 10. 猪臀肉

又称"猪臀尖"。肉质鲜嫩，瘦肉多，肥肉少。适宜的做法有卤、腌、酱、炒、凉拌等，尤其适合做回锅肉、蒜泥白肉。

◆ 11. 后腿肉

肉质鲜嫩，肥瘦相连，皮薄。适宜的做法有炒、炖、红烧、凉拌等。

◆ 12. 猪棒骨

也叫"筒骨"。骨多肉少，里面有骨髓。适宜的做法有酱、炖、煲汤等。

◆ 13. 后肘

与前肘相比，因结缔组织较多，皮老韧，肉质比较差。做法基本上与前肘相同。

◆ 14. 后蹄

又称为猪脚。与前蹄相比，后蹄骨骼较粗大，皮老韧，质量较差。做法基本上与前蹄相同。

馋香香
解肉

［客家酿豆腐］ 红遍大江南北的客家名菜

酿豆腐是客家名菜，凡有宴席必有此道菜。"酿豆腐"即"带有肉馅的豆腐"。传说这道菜源于北方的饺子，因岭南少产麦，思乡心切的客家移民便以豆腐替代面粉，将肉塞入豆腐中，犹如面粉裹着肉馅。时至今日，这道鲜嫩香滑的客家名菜已经红遍了大江南北。

- **原料**　豆腐1块，猪肉馅100克
- **配料**　小葱1根，蒜2瓣，姜3片，花椒粉1茶匙，蚝油2汤匙，生抽2汤匙，淀粉1茶匙，盐、食用油适量

做法

①取一半的小葱、姜和蒜切成末，放入装有肉馅的碗中，再放入1/2茶匙的花椒粉和适量的盐拌匀待用；另一半的小葱、姜和蒜切成小块待用；将蚝油、生抽、1/2茶匙花椒粉、淀粉和适量的盐拌匀，调成芡汁。

②豆腐切成块，然后用勺子在豆腐块上挖个半圆形的坑。

③将拌好的肉馅酿在豆腐坑里。

④锅里倒食用油烧热，然后将豆腐有肉馅的那面朝下放入锅中，煎至肉馅定型后再翻面煎制。

⑤煎至豆腐表面金黄时拨到锅边，将葱、姜、蒜入锅炒香。

⑥加入之前调好的芡汁，中火炖至汤汁浓稠。

⑦然后转大火收汁即可。

温馨提示

1. 豆腐最好选用老豆腐。豆腐切块之后最好放置一会儿，将豆腐里渗出来的水用厨房纸巾吸干后再挖坑。

2. 拌猪肉馅的时候不要加入液体调味料，否则入锅煎制的时候容易散。

3. 给豆腐挖坑的时候要小心些，不要把豆腐穿透，挖坑之后用厨房纸巾将渗出的水吸干再放肉馅。

4. 煎豆腐的时候煎好一面再煎另外一面，用筷子和勺子配合着翻面，这样不会弄碎豆腐。

5. 炖豆腐的时候尽量不要用铲子来回翻动，可以通过来回晃动锅子避免煳锅。

解馋肉香
JIECHAN ROU MENGXIANG
馋香香

[三鲜猪肉包] 蔬菜做皮的另类"饺子"

俗话说，"坐着不如躺着，好吃不过饺子"，肉馅的饺子更是惹人馋。当你嘴馋却又懒得动手和面擀饺子皮，或者因为怕身上长肉不想摄取太多的淀粉时，不妨试试这个用白菜叶做皮的"饺子"。鲜香的肉馅配上清脆的菜叶，好吃！

- 🍖 **原料** 猪肉馅200克，白菜叶6片，香菜梗6根
- 🍶 **配料** 胡萝卜半根，小葱半根，姜1片，生抽1汤匙，蚝油1汤匙，盐适量

🔄 做法

①用厨房剪刀将白菜叶修剪一下，剪去多余的白菜帮。

②锅里放入水和1汤匙盐，大火烧开后放入白菜叶和香菜梗，焯软后捞出沥水。

③将胡萝卜、小葱和姜切成末，放入装有肉馅的大碗中，再放入生抽、蚝油和适量的盐拌匀。

④将焯烫好的白菜叶沥干水、铺平，再将拌好的肉馅放在上面。

⑤用白菜叶将肉馅包好，再系上香菜梗。

⑥蒸锅加水烧开，再放入猪肉包，大火蒸8~10分钟即可。

💡 温馨提示

1. 白菜叶要选整棵白菜外层的叶片，这样的叶片较大，包起来比较容易。
2. 如果想要更鲜美，可以在肉馅里添加一些虾蓉。
3. 香菜梗一定要焯软再用，否则打结的时候容易断。
4. 白菜叶在包肉馅之前一定要尽量挤干水分，但要小心些，避免将菜叶弄破。

［蒜泥白肉］ 多一分则腻，少一分则淡

　　猪五花肉历来是餐桌上最受欢迎的肉菜，做法多以炒、炖为主。若将五花肉放入清水中加佐料连皮烹煮，然后将肥美鲜嫩的五花肉切成薄片，再卷上薄脆的黄瓜片，淋上蒜香浓郁的香辣料汁，多吃几口也不会觉得腻口。

🥩 **原料**　猪五花肉150克，黄瓜半根

🍶 **配料**　红油2汤匙，熟花生米20粒，小葱2根，蒜6瓣，姜2片，大料1个，花椒15粒，醋1茶匙，白糖1茶匙，生抽1汤匙，盐适量

😊 做法 -----------------------------------

①锅里加凉水，放入猪五花肉、花椒、大料、姜、2 瓣蒜和 1 根小葱。其余的小葱和蒜切成末待用。

②大火烧开后撇净浮沫，转中火炖煮20~30分钟，然后将煮好的五花肉捞出晾凉。

③红油、醋、白糖、生抽、葱蒜末和适量的盐拌匀调成料汁；熟花生米碾碎；黄瓜用刨刀刨成薄片。

④将五花肉切成薄片。

⑤用五花肉片将黄瓜卷好，摆在盘中。

⑥将调好的料汁浇在五花肉上面，再撒上花生碎即可。

🌸 温馨提示 -----------------------------------

1. 猪五花肉一定要彻底放凉再切片，否则肉片切起来容易散开。
2. 配菜不拘于黄瓜，可以换成笋片或者其他自己喜欢的蔬菜。
3. 蒜末要多放些，这样味道才好。
4. 煮五花肉的原汤滤净后，可以作为高汤使用。

解馋肉香香

［家常小炒肉］ 每个煮妇都有自己的做法

即使是同一道家常菜，不同的人做出来的味道也不尽相同，正所谓百家百味。就像这道小炒肉，你不必全然按照下面的做法，只要掌握了要点，再根据自家口味做些改良，就绝对能做出一道超受家人喜爱的家常小炒肉！

- 原料　猪五花肉200克，青椒1个，红椒半个
- 配料　姜2片，蒜3瓣，豆豉辣酱1汤匙，盐、食用油适量

做法

①猪五花肉切成薄片，青、红椒去蒂去子切成条，蒜切成薄片，姜切丝。

②锅里倒少许食用油烧热，将五花肉铺在锅底，小火煎炒。

③煎炒至肉片微卷且表面微焦。

④将肉片推至锅边，放入姜、蒜，待炒香后和肉片翻炒均匀。

⑤再放入切好的青、红椒和豆豉辣酱。

⑥转大火翻炒至辣椒表面微皱，加盐调味即可。

温馨提示

1. 因为猪五花肉是直接生炒，所以炒好的五花肉肉皮比较筋道，如果不喜欢肉皮筋道的口感，可以将肉皮去掉不用。

2. 煎炒五花肉的时候，用筷子翻动要比用锅铲更顺手。

3. 因为五花肉在煎炒的过程中会冒出不少油，所以步骤2中只需要在锅底薄薄地涂上一层油就足够了。

4. 豆豉辣酱有一定的咸味，加盐调味时酌量就行。

［海带烧排骨］ 海陆滋味的完美组合

海带是最廉价的海味，猪肉是诸肉之首，把这两样搭配在一起会有怎样的效果呢？排骨吃起来软烂鲜香不腻口，而厚厚的海带吸收了排骨的油分和肉香后口感软糯，咸鲜适口，是绝对的下饭菜，真会让人吃不停口，若不信就亲自试试！

- 🔲 **原料** 猪排骨400克，海带200克
- 🔴 **配料** 葱半根，大料1个，花椒10粒，姜3片，蒜3瓣，生抽3汤匙，盐、食用油适量

🔲 做法

①猪排骨剁成小块，锅里加凉水，排骨入锅后大火煮开，撇净浮沫后将排骨捞出，沥水待用。

②海带用水浸泡1~2个小时后沥水，切成菱形块。

③锅里倒食用油，放入葱段、姜片、蒜、大料和花椒，中小火炒香。

④放入排骨，煸炒至排骨表面微焦。

⑤倒入生抽，翻炒均匀。

⑥放入海带，再加入清水，用适量的盐调味，大火煮开后转中火炖煮30~40分钟。

⑦炖至排骨软烂即可。

🐰 温馨提示

1. 市场买回来的海带通常比较咸，要先用清水浸泡1~2个小时去除咸味。

2. 海带要选择比较厚的部位。

3. 这里用的锅子比较锁水，所以添加的水比较少。另外，如果喜欢用排骨汤来拌饭，可以多添加些水。

4. 海带和生抽都有咸味，添加食盐一定要适量，以免菜品过咸。

5. 海带能提鲜，不需要再添加味精或者鸡精之类的调味品。

[红油蹄花] 荤菜冷吃的第一选择

对于富含胶原蛋白的猪蹄来说，做法可是不少，大多数做法都是热吃，但这道凉吃的红油蹄花绝对能抓住你的胃。相信偏爱香辣口味的你，在看到图片的瞬间就已狂流口水啦！筋道弹牙的蹄花，配上鲜香麻辣的料汁，这诱惑又有谁能抵挡得住呢？

🍲 **原料**　猪蹄1只

🥄 **配料**　香菜2根，小葱2根，姜2片，香叶3片，蒜4瓣，大料2个，花椒约30粒，白糖1/2汤匙，醋1/2汤匙，生抽2汤匙，红油2汤匙，盐适量

🍳 **做法** --

①锅里加水，放入猪蹄，大火烧开后再煮5分钟，然后撇净浮沫，将猪蹄捞出，用清水将猪蹄冲洗干净。

②高压锅里加水，再放入猪蹄、花椒、大料、香叶及一半的葱、姜、蒜和香菜，上汽后再煮10分钟。

③将另一半的葱、姜、蒜和香菜切成末，与红油、生抽、醋、白糖和盐拌匀，调成料汁。

④煮好的猪蹄捞出晾凉。

⑤食用前将料汁淋在猪蹄上即可。

💧 **温馨提示** --

1. 给猪蹄余水的时候千万不要盖锅盖，否则猪蹄会有腥膻味。
2. 挑选猪蹄时最好选择前蹄（也称猪手），然后让卖肉师傅帮忙将猪蹄剁成块，自己在家剁比较麻烦。
3. 烹饪前要用镊子将猪蹄上残留的猪毛去掉。
4. 料汁的比例不是固定的，可以根据自己的口味做适当更改，爱吃辣的可以增加红油的用量。

［红烧肉炖豆结］能炖一切的神奇肉菜

　　红烧肉是特别神奇的菜，之所以说它"神奇"，是因为红烧肉"能炖一切"。无论是常见的鸡蛋、白菜、豆角、土豆、莲藕、板栗、魔芋、笋干、萝卜、蘑菇、蒜子、冬瓜，还是那些高大上的海参、鲍鱼，炖起来全无压力。嗯，看了这个菜谱，你想用红烧肉来炖什么呢？

- 🍲 **原料**　猪五花肉200克，豆结（千张结）150克
- 🍶 **配料**　冰糖4粒，蒜2瓣，大料1个，香叶1片，姜2片，花椒10粒，生抽2汤匙，老抽1汤匙，盐、食用油适量

🍳 **做法**

①猪五花肉切成拇指大小的块。

②锅里加水，放入五花肉，大火烧开后撇净浮沫，将五花肉捞出，沥水待用。

③重新起锅，锅里倒入食用油烧热，放入姜、蒜、花椒和五花肉，翻炒至五花肉表面微焦冒油。

④再放入生抽、老抽、大料、冰糖和香叶，翻炒均匀。

⑤再放入豆结，加盐调味后再加入足量的清水。

⑥中小火炖煮30~40分钟即可。

💡 **温馨提示**

1. 猪五花肉事先下锅翻炒至微焦冒油，这样的红烧肉吃起来不腻口。
2. 做红烧类的菜肴用冰糖，能使菜品颜色油亮，比放白糖的效果要好很多。
3. 如果买不到现成的豆结，可以买豆腐干切成细条。

解馋肉香
JIECHAN ROU XIANGXIANG
馋香香

[东北酱骨头] 红遍东北的大肉菜

如果你走在东北街头，问什么菜最火，十有八九的人回答都是"酱骨头"。酱骨头按照部位的不同有酱棒骨和酱脊骨，脊骨相比棒骨来说，肉质更为鲜嫩，而棒骨除了有肉之外，还有脆骨和骨髓，各有长处，难分伯仲。所以，人们一般都是每种各点上一盆，啃个痛快！

原料 猪棒骨半根，脊骨5块

配料 大葱1段，姜1块，蒜5瓣，香叶2片，大料1个，冰糖4粒，陈皮15克，豆瓣酱2汤匙，生抽3汤匙，食用油适量

做法

①锅里加水，放入猪棒骨和脊骨，大火烧开后再煮3分钟。

②从锅中沸腾处将猪骨捞出待用。

③锅里加食用油烧热，放入豆瓣酱，中小火炒香。

④再放入大葱、香叶、姜、大料、蒜、冰糖、陈皮和生抽，再加入大半锅水。

⑤大火烧开后再转中火煮10分钟。

⑥放入猪骨，中火炖煮30分钟。

⑦关火后先不要急着捞出猪骨，在原汤中浸泡30分钟，然后再次烧开后捞出食用即可。

温馨提示

1. 酱骨头做好之后最好用手拿着啃，这样吃起来更香。
2. 豆瓣酱可以换成干黄酱。
3. 步骤5不可缺少，这样能使各种配料的味道更融合。
4. 豆瓣酱用食用油先炒一下，味道更好。

［红烧排骨］ 童年记忆里最好吃的一道菜

每个人的童年记忆里都藏着一道最好吃的菜，我的那道菜就是红烧排骨。那时候我绝对是个馋猫，最爱吃的菜就是妈妈做的排骨。直至现在，即使我已经会做很多的排骨菜，也还是觉得妈妈做的排骨特别好吃。妈妈的爱是最好的调味品，没有之一。

- 🍱 原料　猪肋排500克
- 🍶 配料　小葱1根，蒜3瓣，姜2片，大料1个，香叶1片，花椒10粒，白糖1汤匙，生抽2汤匙，食用油、盐适量

🍲 做法

①锅里加水，放入猪排骨，大火煮开后撇净浮沫，将排骨捞出沥水。

②锅里倒食用油，再放入白糖，小火炒至白糖融化，变成浅棕色糖液。

③再将排骨放入锅中，快速翻炒，使排骨均匀裹上糖液。

④放入生抽、小葱、姜、蒜、花椒、大料和香叶，转中火翻炒均匀。

⑤加入没过排骨的水，大火烧开后转中火炖煮。

⑥炖煮至排骨软烂后转大火收浓汤汁即可。

🐰 温馨提示

1. 排骨最好选择肋排，不要剁得太大块。
2. 炒白糖的时候一定要用小火，炒的时候用铲子不停地搅拌融化的糖液以免糊锅。炒至颜色浅棕且有较大的气泡时就可以了。
3. 排骨入锅后要快速翻炒。

解馋肉香
JIECHAN ROU XIANGXIANG

[啤酒烧排骨] 有酒有肉的惬意人生

所谓乐意人生，不过是有酒有肉。闲暇时不妨放下繁重的工作压力，忘记纷杂的人际往来，洗手下厨，为自己做上一份有酒有肉的菜肴，坐下来细细品味，在菜中体会人生的美好。

- 🍲 **原料** 猪肋排500克，啤酒1罐
- 🍶 **配料** 蒜4瓣，姜4片，大葱1段，大料1个，花椒15粒，生抽2汤匙，盐、食用油适量

😋 做法

①锅里加水，放入猪排骨，大火煮开后撇净浮沫，将排骨捞出，沥水待用。

②锅里倒食用油烧热，放入葱、姜、蒜和花椒，中小火炒香。

③放入排骨，煸炒至排骨表面微焦。

④将生抽倒入锅中，翻炒至排骨均匀上色。

⑤放入大料，将啤酒倒入锅中，再加适量的盐调味，中小火炖煮20~30分钟。

⑥最后开大火收汁即可。

⏰ 温馨提示

1. 一般来说，500克的排骨用一罐啤酒刚好。如果用瓶装啤酒，大半瓶就可以了。
2. 做这个菜不需要太多的调味料，以免盖住啤酒的麦香味。
3. 加生抽主要是为了上色，也可以用少量老抽代替。
4. 汤汁不用收得特别干，用来拌饭也特别香。

[**熘肉段**] 东北菜馆里超受欢迎的招牌菜

　　东北菜虽然不在中国八大菜系之中，但全国各地都可以看见东北菜馆。不论是何处的东北菜馆，菜单上都少不了这样一道招牌菜——熘肉段。因其外酥里嫩，咸鲜可口，深受食客的欢迎。虽然是饭店里的招牌菜，但做法并不复杂，按照下面的步骤，你也可以在家做出这道深受欢迎的东北菜。

- 🍱 **原料**　猪肉300克，胡萝卜半根，青椒半个
- 🥢 **配料**　小葱1根，蒜3瓣，姜3片，生抽1汤匙，醋1茶匙，白糖1茶匙，水淀粉小半碗，盐、食用油适量

🍳 做法

①青椒去子去蒂切成块，胡萝卜切菱形块，小葱、姜和蒜切成末。

②生抽、醋、白糖、1/2汤匙水淀粉、2汤匙水和适量的盐拌匀，调成芡汁。

③猪肉切成拇指大小的块，然后和剩余的水淀粉抓匀。

④锅里倒小半锅食用油，烧至七成热，将肉段入锅炸至表皮酥脆后捞出沥油。

⑤锅里留少许底油，放入葱、姜、蒜末，中小火炒香。

⑥将调好的芡汁倒入锅中。

⑦再将肉段、青椒和胡萝卜放入锅中。

⑧转大火使汤汁收浓，均匀地裹在肉段上即可。

😊 温馨提示

1. 这里用的水淀粉是用100克的淀粉加半碗水拌匀，静置一会儿后将上面的清水倒掉。
2. 猪肉最好选用肥瘦相间的部分。如果实在不喜欢肥肉，也可以用全瘦肉。
3. 确认食用油温的办法：取一根筷子置于油中，筷子周围出现大量气泡并有噼里啪啦的响声时，就可以将肉段下锅油炸。
4. 配菜不限于青椒和胡萝卜，也可以根据自己的口味选择其他配菜，如黄瓜、笋片等。

馋香香
解肉
JIECHAN ROU XIANGXIANG CANYANG

[酸菜氽白肉] 最接地气的东北菜

在东北，每到冬季，就能吃到杀猪菜。杀猪菜其实没有固定的菜式，一般是农家将自家养的肥猪杀掉过年。在杀猪的那天，会请亲友来吃肉，会有大块的焅肉、现灌的血肠，还有用焅肉的汤加冻白菜做的烩菜，另外有一道必备的菜就是这里要推荐的酸菜氽白肉。

- **原料** 酸菜400克，猪五花肉200克
- **配料** 小葱2根，姜2片，蒜3瓣，花椒10粒，大料1个，盐、食用油适量

做法

①锅里加凉水，放入猪五花肉、姜、蒜、花椒、大料和小葱。葱、姜、蒜要留下1/3切成末待用。

②大火烧开后撇净浮沫，转中火炖煮20~30分钟。

③肉捞出晾凉，煮肉的汤滤净待用。

④晾凉的五花肉切成薄片。

⑤重新起锅，锅里倒食用油，放入葱、姜、蒜末炒香。

⑥放入酸菜翻炒均匀。

⑦然后倒入肉汤，将切好的五花肉摆在酸菜上，加盐调味。

⑧大火煮开后转中火炖煮10分钟即可。

温馨提示

1. 市场出售的袋装酸菜丝在烹饪之前需要用水漂洗，然后挤净水。
2. 如果家里有猪骨，煮肉的时候加些进去，味道会更好。
3. 猪肉一定要煮熟，否则做出来的酸菜味道不佳。
4. 酸菜不要炖煮太久，否则酸菜就不脆了。当然，也有人喜欢吃炖煮时间较长的酸菜，可根据自己的口味来决定。

[香辣烤排骨] 让人吮指不已的排骨新吃法

实话实说，这是我首次做烤排骨时随手搭配出来的菜谱。做菜就是这样，在你看来不可能的搭配也许会带给你很出彩的味道。这道烤排骨入口时会有一点点叉烧酱的甜，然后麻辣就占据了你的全部味蕾。待你啃完排骨，还会不忍心舍弃啃排骨时粘在手指上的那一点点酱汁，别想啦，吮指不丢人！

原料 猪肋排400克

配料 叉烧酱1汤匙，四川麻辣酱1汤匙，蚝油1汤匙，辣椒粉1汤匙，芝麻1/2汤匙，麻椒粉1茶匙，姜1块，蒜3瓣

做法

①排骨用清水浸泡30分钟，泡出血水（中间换2次水）。

②取一个厚实点的保鲜袋，放入排骨，再放入姜片、蒜片、辣椒粉、麻椒粉和芝麻。

③再放入蚝油、四川麻辣酱和叉烧酱。

④捏住袋口，来回揉捏，让腌料与排骨充分接触，然后扎紧袋口，放入冰箱冷藏2~4小时。

⑤烤箱预热5分钟。趁着这个时间，在烤箱的接料盘上铺一层锡纸，然后将腌好的排骨放在烤架上，放在烤箱的中层，中火180℃烤30~40分钟即可。

温馨提示

1. 可以根据自己的口味对麻辣酱、辣椒粉和麻椒粉做适量增减。
2. 叉烧酱、麻辣酱和蚝油都含有盐分，所以不必额外加盐调味。如果口重，可以酌量加盐。
3. 肋排的大小薄厚不同，烤箱也略有差别，可根据自家烤箱的情况和肋排的大小薄厚来决定烤制的温度和时间。
4. 确定排骨是否成熟，可以拿牙签在排骨肉厚的地方扎一下，如果没有血水流出，就表示熟了。

[红烧肘子] 绝对的解馋大肉菜

按我家老李的话说："肘子是猪身上最香最好吃的部位。"皮软糯不腻，肉香而不柴。红亮的颜色，香浓的汤汁，连皮带肉地一大块放入嘴中，就两个字：解馋！

- 🔲 原料　猪肘1个（约1200克）
- ❶ 配料　冰糖30克，蒜6瓣，姜2块，桂皮1小块，大料1个，干辣椒5个，小葱2根，香菜1根，小白菜4棵，生抽3汤匙，花椒粉1茶匙，食用油2汤匙，盐适量

● 做法

①猪肘洗净，锅里加凉水，放入香菜和1块姜，大火烧开后再煮3~5分钟。

②用漏勺撇净浮沫。

③将余好的猪肘捞出沥水，稍微放凉后用镊子将猪肘上残余的猪毛拔净。

④锅里加食用油，放入冰糖，小火炒至冰糖融化。

⑤待冰糖炒至变成棕色的糖浆时放入猪肘，来回翻动猪肘，使猪肘均匀地裹上糖浆。

⑥放入葱、蒜、姜、干辣椒、桂皮、大料、花椒粉和生抽。

⑦再加入和猪肘差不多高度的水。

⑧大火烧开后，转中小火，盖上锅盖炖煮1小时左右。

⑨打开锅盖，加盐调味后再炖煮30~50分钟。另起一锅，小白菜焯水后捞出摆在盘边，再将猪肘放在盘中，淋上汤汁即可。

● 温馨提示

1. 给猪肘余水的时候加1根香菜，能有效地去掉猪肘的腥味。

2. 给猪肘余水的时候千万不要盖锅盖，这样猪肘的腥味才能散发掉。

3. 如果觉得炒糖色不好掌握火候，也可以省略，然后加1汤匙老抽来调色。

4. 炖煮猪肘的过程中要记得给猪肘翻面。

5. 有人偏爱炖得特别软烂的猪肘，那么可以延长炖煮的时间。总之，根据自己的喜好来决定炖煮的时间就可以。

馋香
解肉香

[香辣美容蹄] 爱美之心，人皆有之

俗话说，"爱美之心，人皆有之"，所以能让人变美变年轻的猪蹄就特别受青睐。猪蹄含有丰富的胶原蛋白，经常食用能增加肌肤的弹性，让肌肤变得更美。猪蹄的做法多种多样，这道香辣美容蹄应该是最受欢迎的做法了。在香辣解馋之间变得年轻漂亮，还有比这更美好的事情吗？

原料 猪蹄1只

配料 干辣椒20个，小葱2根，姜2片，香叶3片，蒜4瓣，大料2个，花椒30粒，白胡椒粉1茶匙，花椒粉1茶匙，辣椒粉1汤匙，熟芝麻1汤匙，盐、食用油适量

做法

①锅里加水，放入猪蹄，大火烧开后再煮5分钟，然后撇净浮沫将猪蹄捞出，用清水将猪蹄冲洗干净。

②高压锅里加水，再放入猪蹄、花椒、大料、香叶和一半的葱、姜、蒜，上汽后再煮10分钟。另一半的葱、姜、蒜切碎待用。

③煮好的猪蹄捞出沥水。

④锅里放食用油烧热，放入切好的葱、姜、蒜、辣椒粉、干辣椒、白胡椒粉和花椒粉，中小火炒香。

⑤放入猪蹄，继续用中小火翻炒至猪蹄表面微焦。

⑥撒上熟芝麻和适量盐调味，翻炒均匀即可。

温馨提示

1. 给猪蹄余水的时候千万不要盖锅盖，否则猪蹄会有腥膻味。
2. 挑选猪蹄时最好选择前蹄（也称猪手），让卖肉师傅帮忙将猪蹄剁成块，自己在家剁比较麻烦。
3. 烹饪前要用镊子将猪蹄上残留的猪毛去掉。
4. 要是不太能吃辣，可以适量减少辣椒粉和干辣椒的用量。
5. 翻炒猪蹄的时候要用中小火，这样既能入味又能避免煳锅。

[酸菜烧排骨] 俺们这旮旯的人都爱吃

酸爽可口的酸菜和鱼搭配做菜比较多。这次给它换个搭档——人见人爱的猪排骨。没想到，味道还真好！酸菜吸收了排骨的香味，排骨在酸菜的浸润下更加鲜嫩，多吃几块也不腻口。

- 原料　猪排骨400克，酸豆角150克，酸菜（四川酸菜）100克
- 配料　泡姜50克，野山椒10个，野山椒酱1汤匙，生抽1汤匙，蚝油1汤匙，盐、食用油适量

做法

①酸豆角切段，酸菜切成块，泡姜切成片，猪排骨入冷水锅中氽烫后沥干水。

②锅里加食用油，放入野山椒酱、野山椒和泡姜，中小火炒香。

③放入排骨，继续用中小火翻炒至排骨表面微焦。

④将蚝油和生抽倒入，翻炒至排骨均匀上色。

⑤将酸菜和酸豆角放入锅中，翻炒均匀。

⑥加入足量的清水，大火烧开后转中火炖煮30~40分钟。

⑦出锅前加盐调味即可。

温馨提示

1. 野山椒酱和野山椒都比较辣，不爱吃辣也可以不放，对整道菜的味道影响不大。
2. 猪排骨可以选择肥一些的，炖泡菜更好吃。
3. 排骨氽水时一定要冷水下锅，煸炒至排骨表面微焦，炖出来的味道更好。
4. 酸菜、野山椒酱、生抽和蚝油都含有盐分，加盐调味的时候要酌情减少用量。

健体暖身牛羊好

关于牛羊肉不得不说的几句话

挑选牛羊肉的方法和挑选猪肉差不多，在此就不再详述。

❶ 炖煮牛肉时可加些山楂干、陈皮或者茶叶，既能起到去腥提鲜的作用，又能使牛肉易酥烂。

❷ 牛肉的纤维较粗，切牛肉要横着切，就是刀刃要和肉丝成直角。这样切出来的牛肉吃起来不会塞牙，在烹饪中更容易入味。

❸ 牛肉肉质较粗，不易消化，老人、幼儿及消化能力弱的人食用时尽量选择肉质较嫩的部位，做法应以清炖为主。

❹ 羊肉膻味略重，葱、姜、孜然等佐料可起到去腥提鲜的作用。

❺ 涮羊肉的时候不要过分追求鲜嫩的口感而减少涮烫的时间。

❻ 夏秋季节气候燥热，烹饪羊肉时要搭配冬瓜、白菜等凉性和甘平性的蔬菜，少用辣椒、胡椒等温辛燥热的调味品。

❼ 肝病患者，有发热或者腹泻症状的人，及体内有积热的人不宜食用羊肉。

解馋肉香香

健体 暖 身牛羊好

　　不知为何，一提起牛羊肉，总能想起那"风吹草低见牛羊"的大草原。一直都觉得，鲜美的牛羊肉是大草原馈赠给人们最好的礼物。牛肉富含蛋白质而脂肪少，味鲜肉美，多食能强健身体；羊肉能暖中驱寒，温补气血，滋补身体。

牛肉——牛肉的分割部位和名称可以说是肉类里最为繁杂和不统一的，所以在这里只能简单地介绍。说句实话，面对肉摊上那切成一块块的牛肉，我也没办法全部分清它们都来自哪个部位。你问我怎么买肉？这个简单啊，可以和摊主说说自己要做什么菜，如"我要切片后炒着吃的，肉要嫩一点的。"摊主自然会给你推荐合适的肉。

◆ 1. 颈肉

肥瘦兼有，肉质紧实，出馅率较高。适宜的做法有做肉馅、牛肉丸、红烧等。

◆ 2. 上脑

位于颈部上侧，牛头位置到前脊椎上部，肉质细嫩，肥瘦交错，比例较均匀，脂肪沉积于肌肉中，形似大理石花纹。适宜的做法有涮、煎、烤、扒等。

◆ 3. 眼肉

其一端与上脑相连，另一端与外脊相连。外形酷似眼睛，脂肪交杂呈大理石花纹状。肉质细嫩，脂肪含量较高，口感细嫩多汁。适宜的做法有煎、烤、炒、炖、涮等。

◆ 4. 外脊

脊骨两侧的肉。肉的外侧有一层白色的肉筋，肉质较嫩。适宜的做法有熘、炒、炸、煎、炖等。

◆ 5. 里脊

牛身上最细嫩的部位，脂肪含量少。适宜的做法有炒、熘、煎、扒等。

◆ 6. 臀肉

肉质较嫩，脂肪含量低。适宜的做法有炒、炸、炖、做肉馅等。

◆ 7. 后腿

肉质较嫩，脂肪含量低。适宜的做法有炒、炸、炖、做肉馅等。

◆ 8. 腱子肉

分前腱和后腱，肉质筋道，肉中带筋呈花形，烹制成熟后有胶质感。适宜的做法有清炖、红烧、酱、卤、凉拌等。

◆ 9. 牛腩

筋多肉少，肉质稍韧，肉味浓厚。适宜的做法有清炖、红烧等，尤其适合加咖喱调味。

◆ 10. 胸肉

肉质细嫩，脂肪较多，但烹制后口感脆嫩、肥而不腻。适宜的做法有炒、烤、扒、炖等。

◆ 11. 肋条

位于肋条骨上的肉，肉质较嫩，瘦多肥少。适宜的做法有清炖、红烧、扒、焖等。

◆ 12. 牛尾

肉质肥嫩，富含胶质，肉和骨头的比例相同。适宜的做法有煲汤、清炖、红烧等。

羊肉——市售的羊肉一般有绵羊和山羊两种。绵羊肉肉质坚实，颜色暗红，肉纤维细而软，肌间脂肪较少。山羊肉的色泽较绵羊肉浅，呈较淡的暗红色。皮下脂肪稀少，腹部脂肪较多。绵羊肉肋骨窄而短，山羊肉肋骨宽而长。根据食用习惯，北方地区羊肉不带皮吃，南方部分地区羊肉是带皮食用的。还是那句话：关于羊肉各部位的分割和称呼因地区而有所不同，请千万不要纠结这些不同。

◆ 1. 羊蝎子

就是羊的脊椎骨，因分割后形状与蝎子相似，故而俗称"羊蝎子"。脊椎骨上带着鲜嫩的里脊肉和肥嫩的骨髓，对于喜欢啃骨头的人来说，羊蝎子是羊身上最好吃的部分。最受欢迎的做法就是羊蝎子火锅。当然，还可以清炖、红烧。

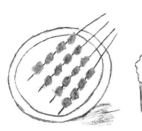

◆ 2.上脑

位于脖颈后、脊骨两侧肋条前。脂肪沉积于肉质中形成大理石花斑状的纹路，肉质鲜嫩。适宜的做法有熘、炒、汆等，尤其适宜涮食。

◆ 3.外脊

位于脊骨外侧，呈长条形，肉质细嫩。适宜的做法有涮、烤、爆、炒、煎等。

◆ 4.里脊

位于脊骨两侧，肉形似竹笋，是羊身上最细嫩的瘦肉。做法同外脊。

◆ 5.颈肉

肉质比较瘦，几乎没有脂肪层，肉里夹有细筋。适宜的做法有清炖、红烧、酱、卤等，尤其适合做手抓羊肉。

◆ 6.前腿

瘦肉多，脂肪少，筋较多。适宜的做法有烤、红烧、酱、煮等。

◆ 7.肋条

也叫羊排，肥瘦相间，无筋，越肥越嫩，肉质鲜嫩。适宜的做法有涮、烤、炒、清炖、红烧、煮等。

◆ 8.后腿

与前腿相比，后腿的肉多而嫩。适宜的做法有炒、烤、涮、煮、炸、爆等。

◆ 9.胸口

肉质肥多瘦少，口感脆嫩不腻。适宜的做法有烤、炒、红烧、扒等。

◆ 10.肚腩肉

也叫"腰窝"、"羊五花"。肥瘦相间，肉间有数层筋膜，肉质较韧。适宜的做法有红烧、酱、清炖等。

◆ 11.前腱

肉中夹筋，口感筋道。适宜的做法有酱、清炖、卤、红烧等。

◆ **12.后腱**

肉质和做法同前腱。

◆ **13.羊蹄**

胶质丰富，筋多肉少。适宜的做法有酱、卤、清炖、红烧等。

馋
解 肉
香 香

JIECHAN
ROU
XIANGXIANG

[酸菜烧牛肉] 配米饭、面条都可以

我得承认，做这个菜是受到某个方便面广告的诱惑。结果做好之后就开始纠结，这一锅香死人的酸菜烧牛肉用来配米饭还是配面条？我把这个问题扔给老李，结果老李也开始纠结。最后……第一顿用来配米饭吃，然后特意留了一些，第二天配面条吃。你做好这道菜之后，是打算配米饭还是配面条呢？

- 🍲 **原料** 牛肉400克，酸菜200克
- 🥄 **配料** 泡椒20克，泡姜4片，大葱1段，蒜5瓣，生抽2汤匙，盐、食用油适量

🍳 **做法**

①牛肉洗净沥水，然后切成2厘米见方的块。

②锅里加凉水，然后放入牛肉块，大火煮开后再煮3分钟，撇净浮沫后将牛肉捞出沥水。

③将牛肉、葱和蒜放入高压锅内，加足量的水。

④选择"肉类"程序，或者高压锅上汽后继续煮20分钟。

⑤锅里倒食用油烧热，放入泡姜、泡椒和酸菜，中火炒香。

⑥然后将煮好的牛肉块放入锅中。

⑦再放入生抽翻炒均匀。

⑧加入煮牛肉的清汤，加盐调味，大火煮开后转中火煮10分钟即可。

😊 **温馨提示**

1. 这里用了泡山椒和泡灯笼椒，也可以用干辣椒来代替。如果不能吃辣，也可以不放。

2. 如果没有泡姜，可以用普通的生姜代替。

3. 酸菜和生抽都有盐分，加盐调味时要酌量减盐。

4. 牛肉最好选用牛腩、肋条。尽量不要选择全瘦的部位，否则牛肉炖出来不够香。

[麻汁肥牛] 假装是火锅

吃火锅的时候偶尔会剩下一些肥牛片打包回家，某天突然想吃火锅却又没有时间准备原料。遇到这种情况的时候不妨试试这个"麻汁肥牛"，从准备到完成也仅10分钟的时间。嗯，我更喜欢把这道菜叫做"假装是火锅"。

🍲 **原料**　肥牛片100克，豆芽100克

🥢 **配料**　小葱1根，蒜2瓣，红油2汤匙，芝麻酱1汤匙，腐乳半块，腐乳汁1汤匙

🍽 **做法**

①芝麻酱加水调稀，再加入腐乳、腐乳汁和红油拌匀，调成料汁；小葱和蒜切碎。

②锅里加水，烧开，放入豆芽焯烫至断生。

③焯烫好的豆芽捞出，沥水待用。

④再将肥牛片放入锅中，转大火煮熟。

⑤把肥牛片捞出沥净水。

⑥取一个大小合适的盘子，将豆芽放在盘底。

⑦再将沥净水的肥牛片放在豆芽上。

⑧将之前调好的料汁倒入，再撒上葱花和蒜末，食用前拌匀即可。

⏰ **温馨提示**

1. 打底的蔬菜不限于豆芽，可以根据自己的喜好换成其他蔬菜，比如油麦菜、金针菇等。

2. 肥牛片选择瘦一些的比较好。

3. 肥牛易熟，下锅煮至颜色变白就可以了，千万不要久煮。

4. 料汁做法其实就是吃火锅时的麻酱小料，也可以根据自己的口味调制成别的料汁。

［它似蜜］ 轻松上手的御膳菜

说起御膳菜，好多人都会觉得肯定是选料精良、做法繁琐，需要极高的厨艺和刀工，普通人在家里几乎不可能完成。不过这道棕红油亮、肉质软嫩、甜香如蜜的宫廷御膳菜绝对是个例外，只要按照下面的做法，你就能在家里享用一盘诱人的御膳菜。

- 🍖 **原料** 羊里脊肉200克
- 🍶 **配料** 白糖2汤匙，甜面酱1汤匙，生抽1汤匙，醋1/2汤匙，水淀粉2汤匙，香油1茶匙，姜丝少许，食用油、盐适量

📋 **做法**

①羊里脊肉切成薄片。

②放入甜面酱和1汤匙水淀粉。

③再放入姜丝，用手抓匀腌渍20分钟。

④生抽、醋、白糖、香油和剩余水淀粉调成芡汁。

⑤锅里倒小半锅食用油，烧至五六成热，放入腌渍好的羊肉片后迅速滑炒散开。

⑥待羊肉片成熟变色后捞起滤油，里面的姜丝拣出不用。

⑦重新起锅，锅里留少许底油烧热，倒入滑好的羊肉片和芡汁。

⑧转大火快速翻炒，使羊肉片粘满芡汁即可。

😊 **温馨提示**

1. 羊肉片要切得薄一点，可以先放进冰箱冻硬，然后再拿出来切片。
2. 滑炒羊肉的时间不宜过长，否则肉质会发硬，羊肉变色后就可以捞出沥油。
3. 芡汁一定要事先调好。

［香辣羊排（烤箱版）］

不出门就可以吃到美味烧烤

自从家里有了烤箱，老李和我就很少出去吃烧烤了。用烤箱做烤肉其实更简单、更方便。羊排提前腌渍好，然后扔进烤箱，调好温度和时间，等着吃就行了，也不会弄得满身的油烟味，你也试试吧！

原料 羊排400克

配料 辣椒粉2汤匙，孜然粉1汤匙，麻椒粉1茶匙，蚝油1汤匙，姜2片，大葱1段，红葱头1个，香菜1根，食用油1/2汤匙，盐适量

做法

①羊排用水浸泡1～2小时，去除羊排中的血水。

②大葱切成条，姜切丝，香菜切段，红葱头去掉外边干皮后切碎。

③羊排浸泡之后，用厨房纸巾吸干水，放在容器里。

④将切好的大葱、姜、红葱头和香菜放入装有羊排的容器里，再放入辣椒粉、孜然粉、麻椒粉、蚝油、盐和食用油。

⑤将羊排和各种调味料抓匀，然后给容器覆盖上保鲜膜，放进冰箱冷藏2～4小时。

⑥腌渍好的羊排去掉大葱、红葱头、姜和香菜，给烤箱的接渣盘包上锡纸，将羊排放在烤架上，放入烤箱中层，上下火200℃烤20分钟即可。

温馨提示

1. 这里用的是羔羊排，比较嫩，所以腌渍和烤制的时间都比较短。如果用的羊排不是很嫩，就需要延长腌渍和烤制的时间了。

2. 建议用孜然粉不用孜然粒。孜然粉会更入味，而且烤好之后味道更香。

3. 烤羊排的时候建议用烤架，虽然后期清洗稍微费事，但是羊排的上下两面能均匀受热，味道更好。用烤盘来烤，虽然后期的清洗比较省事，但是羊排需要翻面，而且在烤制的过程中烤出来的油积在烤盘里容易烤焦。

[炝拌牛肉丝] 美味源自动手不动刀

当我还在拟定这本菜谱目录时，我家老李就说一定要列入这道菜，还不止一遍地叮嘱我要写上"牛肉一定要用手撕"、"芹菜也一定要放"。我家老李的嘴特别刁，他能说好吃的菜很少，这个菜绝对算得上是他的最爱，当然是之一。

- **原料** 牛腿肉300克，香菜2根，芹菜3根，葱白1段
- **配料** 姜2片，蒜4瓣，大料1个，陈皮1小撮，香叶2片，花椒10粒，白糖1/2汤匙，熟花生米20粒，红油2汤匙，生抽2汤匙，醋1/2汤匙，盐适量

做法

①锅里加水，放入牛肉，大火烧开后撇净浮沫，将牛肉捞出沥水。

②高压锅加水，放入余水的牛肉，再放入葱白、姜、蒜、陈皮、花椒、大料和香叶，上汽后再煮10分钟。

③熟花生米碾碎，红油、生抽、白糖、醋和适量的盐拌匀调成料汁，葱白切成丝，芹菜和香菜切成段。

④锅里加水烧开，芹菜入锅焯烫10秒钟后捞出沥水。

⑤牛肉晾凉后用手撕成丝。

⑥准备一个大碗，放入牛肉丝、葱丝、香菜和芹菜。

⑦加入之前调好的料汁。

⑧拌匀后，撒上熟花生碎即可。

温馨提示

1. 牛肉丝一定要用手撕，千万不能用刀切。
2. 芹菜是这个菜提味的关键，如果实在不喜欢吃，也可以不放。
3. 不喜欢吃辣，可减少红油的用量。
4. 芹菜的茎如果较粗，就用刀从中间剖开。

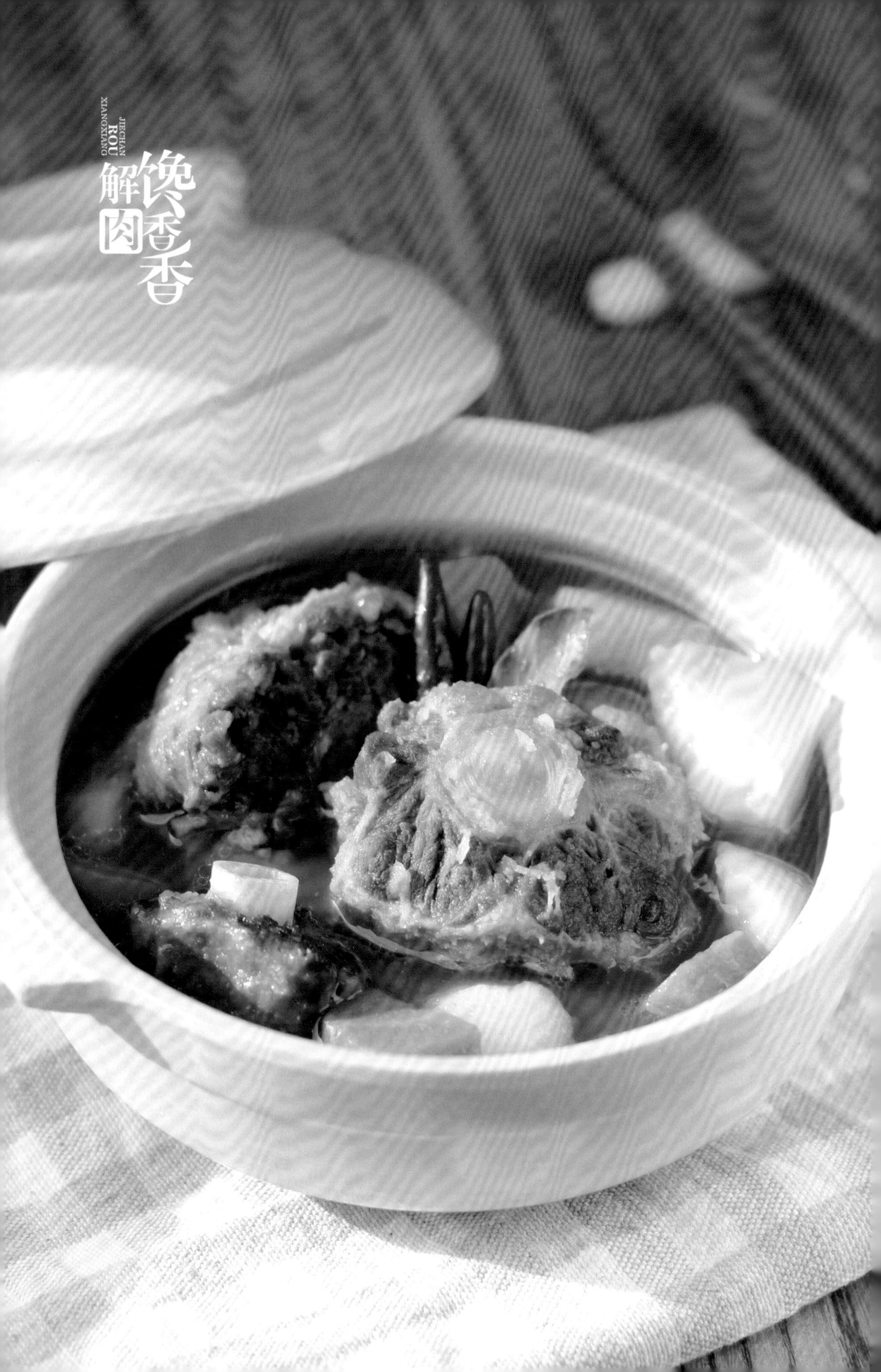
解馋肉香
JIECHAN
ROU
XIANGXIANG

[飘香牛尾] 颠扑不破的食物真理

　　如果你问一个老饕，牛身上哪个部位最好吃？得到的答案肯定是牛尾。牛尾总是甩来甩去，属于活肉。活肉最好吃是绝对的真理！牛尾几乎没有脂肪，而且肉质鲜嫩，怎么做菜都好吃。

- 🍲 **原料**　牛尾500克，土豆1个，胡萝卜1根
- 🍶 **配料**　洋葱1/4个，香叶2片，大料1个，姜3片，蒜2瓣，干辣椒4个，小葱2根，生抽2汤匙，食用油、盐适量

做法

①锅里加清水，放入牛尾，大火烧开后再煮3分钟。

②从锅内沸腾处将牛尾捞出沥水。

③洋葱、小葱、姜和蒜切成末，土豆和胡萝卜切成滚刀块。

④锅里倒食用油烧热，放入干辣椒及切碎的洋葱、小葱、姜和蒜，中小火炒香。

⑤牛尾放入锅中，淋入生抽，翻炒均匀。

⑥放入香叶和大料，再加入没过牛尾的水，大火烧开后转中火炖30分钟。

⑦再放入土豆和胡萝卜，加适量的盐调味，继续中火炖煮。

⑧炖煮至土豆熟、胡萝卜软烂即可。

温馨提示

1. 给牛尾余水要凉水下锅。从锅中沸腾处将牛尾捞出，能避免余烫好的牛尾沾上浮沫。
2. 喜欢吃香辣口味的，可以在步骤4的时候加1~2汤匙郫县豆瓣酱。
3. 胡萝卜也可以换成萝卜。

解馋肉香
JIECHAN
ROU
XIANGXIANG

[干煸牛肉] 米饭最怕遇见它

俗话说"一物降一物"，你知道一碗让人唇齿留香、松软弹牙的米饭的克星是什么吗？当然是一碟干煸牛肉！炒得干香筋道、麻辣鲜香的牛肉丝，配上清香味十足的芹菜，是米饭最怕遇见，却又是绝配的菜。做这个菜的时候一定要多焖一些米饭哦，否则后果很严重……

- 🍚 **原料** 牛里脊300克，芹菜50克，红椒丝10克
- 🥢 **配料** 蒜2瓣，姜2片，郫县豆瓣酱1汤匙，白糖1/2汤匙，蚝油2汤匙，生抽1汤匙，食用油适量

🥘 做法

①牛里脊切成条，然后加姜、蒜、1汤匙蚝油。

②用手抓匀后腌渍20分钟。

③芹菜切成和牛肉差不多长短的段；1汤匙蚝油、生抽和白糖调成料汁。

④锅里倒食用油烧热，放入腌渍好的牛肉，中小火煸炒。

⑤煸炒至肉丝变得干硬且表面微焦，将牛肉盛出待用。

⑥重新起锅，倒食用油烧热，再放入郫县豆瓣酱和红椒丝，中小火煸炒出红油。

⑦放入芹菜段，转大火翻炒1分钟左右。

⑧将炒好的牛肉放入锅中，再倒入调好的料汁，大火翻炒均匀即可。

🔥 温馨提示

1. 牛肉条不要切得太细，牛肉在煸炒过程中体积会变小。
2. 在煸炒牛肉的时候，要不停地翻炒，这样牛肉受热才均匀，炒出来的牛肉口感才一致。
3. 如果在煸炒的过程中牛肉出水比较多，可以把锅里的汤汁倒掉，然后再加些新油继续煸炒。
4. 喜欢麻辣口味的，可以在出锅前加些麻椒粉。

［羊肉串（烤箱版）］

有肥有瘦才是最高境界

也许你是一点肥肉都不入口的人，但是我想说，如果你吃到味道惊艳的羊肉串，你就会接受肥肉。羊肉串的最高境界是什么？当然是有肥有瘦。没有肥肉的羊肉串就如同木头美人，美则美矣，却缺少灵魂。

原料 羊肉300克

配料 洋葱半个，蒜2瓣，姜2片，辣椒粉1汤匙，芝麻1汤匙，孜然1汤匙，食用油1/2汤匙，盐适量

其他 竹签15根（事先用水浸泡30分钟）

做法

①将羊肉的肥瘦分开，然后分别切成小块。

②再放入切成小块的洋葱、姜、蒜、辣椒粉、芝麻、孜然、食用油和适量盐。

③用手抓匀后腌渍2小时。

④将腌渍好的羊肉用竹签串好，每串串4块瘦肉和1块肥肉。

⑤烤箱的接渣盘用锡纸包好，然后再将羊肉串放在烤架上，上下火200℃烤10分钟即可。

温馨提示

1. 竹签一定要事先用水浸泡，否则在烤制的时候竹签容易烤焦。
2. 肥肉是好吃的关键，不可缺少。
3. 腌渍羊肉的时候加半汤匙食用油，这样烤出来的羊肉口感鲜嫩，不会发硬。
4. 用孜然粉会更入味。

[水煮牛肉] 无法抵挡的麻辣诱惑

与友人小聚或者想打打牙祭时，总会想起水煮牛肉。这道被我简称为"水牛"的菜所带来的麻辣鲜香实在是让人无法抵抗，即使怀着多么坚定的减肥决心，面对这道菜的时候，我也会败得一塌糊涂，沦陷在"水牛"的麻辣诱惑里。

🥩 **原料** 牛肉200克，油麦菜1棵，豆芽100克

🌶 **配料** 葱白1段，蒜3瓣，姜2片，郫县豆瓣酱2汤匙，干辣椒20个，花椒粒1汤匙，淀粉2茶匙，食用油、盐适量

做法

①油麦菜洗净沥水，切成段；豆芽摘去须根，洗净沥水；葱白斜切成段；1瓣蒜切末，另2瓣蒜切片。

②牛肉逆丝切成片，加淀粉和清水抓匀，腌渍20分钟。

③干辣椒和花椒粒用温水浸泡10分钟后沥净水待用。

④锅里加水和适量的盐烧开，放入油麦菜和豆芽。

⑤焯烫至断生后捞出，放在准备好的容器里。

⑥锅里倒入食用油（油量要多些，约是平时炒菜用油的1.5倍），再放入葱白、姜、蒜片、干辣椒和花椒粒。

⑦中小火炸制葱、姜、蒜表面微焦，辣椒和花椒炸干至出香味。

⑧将葱、姜、蒜拣去不用，将辣椒、花椒和一半的油盛出待用。

⑨锅里余油烧热，放入郫县豆瓣酱，中小火炒香至出红油。

⑩再加入适量清水，大火烧开后转中火煮3～5分钟。

⑪用滤网将锅中的渣滓捞出，然后将牛肉片放到锅中，中火煮至牛肉变色成熟。

⑫将牛肉连汤倒入装有豆芽和油麦菜的容器里，再放入蒜末、炸好的干辣椒和花椒。

⑬将步骤8中盛出的油入锅烧至七八成热，再将热油淋在牛肉上即可。

温馨提示

1. 牛肉的部位要选择嫩一点的，如里脊肉。

2. 干辣椒和花椒粒用水浸泡后再入锅炸，这样一是不容易煳，二就是油的味道更足。

3. 打底的菜不拘于豆芽和油麦菜，可以根据自己的口味选择其他蔬菜。

4. 步骤11将锅中的渣滓捞出，这样做目的是使汤汁不浑油。

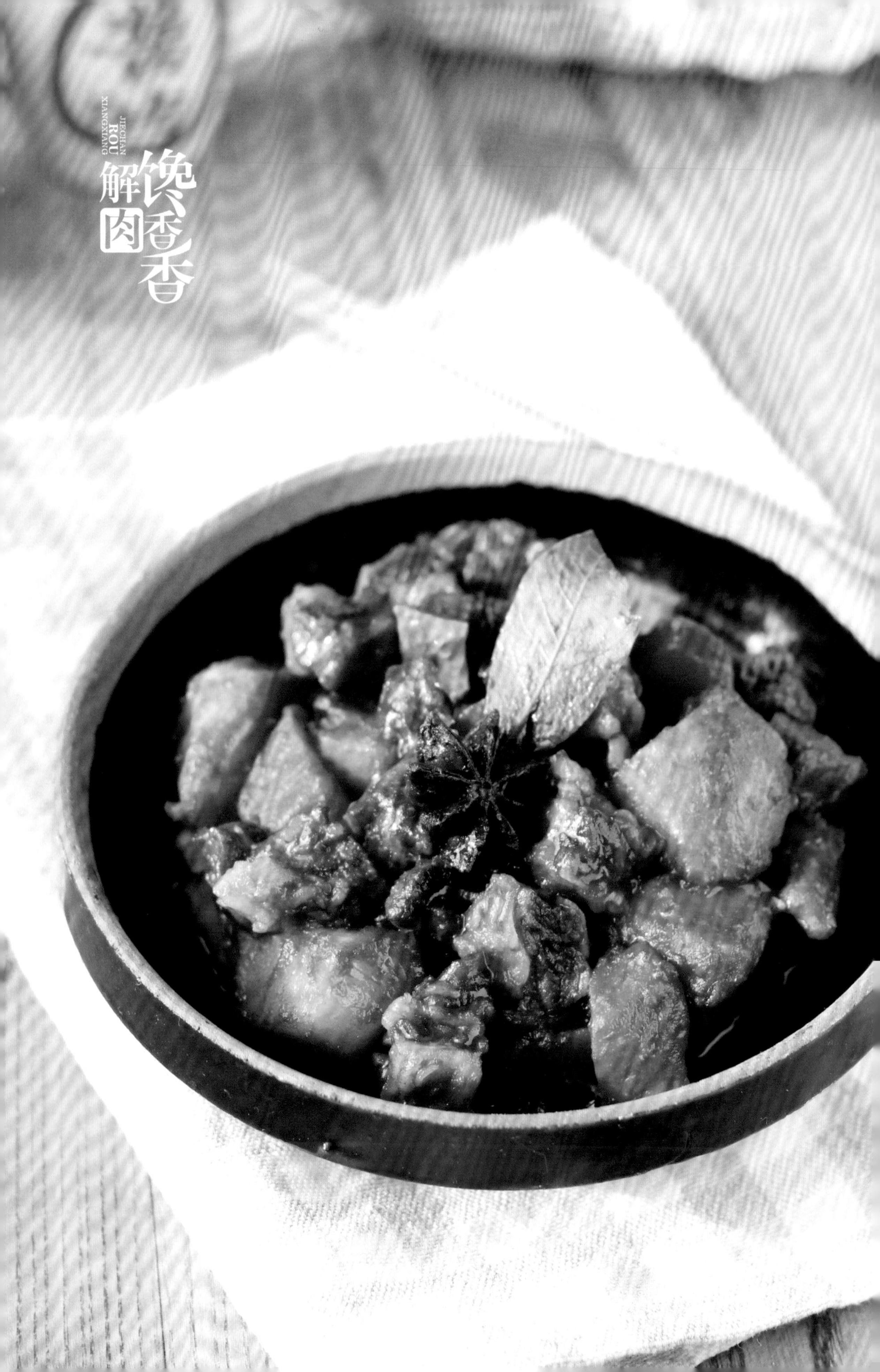
解馋肉香香
JIECHAN ROU XIANGXIANG

[**土豆烧牛肉**] 美好生活的代名词

童年时，家里住平房。每到冬季，家里就会烧炉子取暖。晚上临睡前，炉子里已经没有明火，只有炭火，妈妈总是用锅子装上水和牛肉，放在炉子上煨一夜，第二天一早起床时，牛肉已经软烂香浓。午饭时，妈妈就会端上一大碗香得不得了的土豆烧牛肉，那味道至今难忘。

- 🅞 **原料** 牛肋条300克，土豆1个，胡萝卜半根
- ❶ **配料** 蒜2瓣，姜2片，洋葱1/4个，香叶2片，大料1个，花椒15粒，蚝油2汤匙，生抽3汤匙，盐、食用油适量

🅰 做法

①牛肋条洗净沥干切成块；土豆和胡萝卜切滚刀块；洋葱、姜和蒜切成小块。

②锅里加水，放入切好的牛肉，大火烧开后再煮3分钟。

③撇净浮沫后，将牛肉捞出，沥水待用。

④重新起锅，锅里倒入食用油烧热，放入洋葱、姜、蒜和花椒，炒香。

⑤再放入牛肉、大料和香叶，加入生抽和蚝油，翻炒均匀。

⑥加入清水，烧开后炖煮30~40分钟。

⑦再放入土豆和胡萝卜，加盐调味。

⑧继续炖煮至土豆和胡萝卜熟烂即可。

⏲ 温馨提示

1. 牛肋条可以换成牛腩，这两个部位特别适合炖着吃。
2. 如果不喜欢吃胡萝卜，可以不放。
3. 炖牛肉的水要一次性加足，如果实在不够，一定要加开水。

[肥牛金针卷] 天生一对儿的缘分

肥美爽口的肥牛片和鲜嫩爽脆的金针菇是天生的绝配，生来就注定你离不开我，我也离不开你。当这两种食材热情地拥抱在一起的时候，一道让人难忘的美味由此产生。如同一段完美的爱情，让人难忘……

原料 金针菇150克，肥牛片7片

配料 小葱1根，姜2片，蒜3瓣，生抽2汤匙，蚝油1汤匙，盐、食用油适量

做法

①金针菇切去尾部，分成7份，然后用肥牛片将金针菇卷好；小葱切成段；蚝油、生抽、盐加适量清水调匀成料汁。

②锅里加食用油烧热，然后将肥牛卷放入锅内，中火煎制。

③煎至肥牛卷表面微焦。

④把肥牛卷拨到锅边，将小葱、蒜和姜放入锅中炒香。

⑤将调好的料汁倒入锅中。

⑥大火烧开，转中火炖煮至汤汁收浓，装盘即可。

温馨提示

1. 要将肥牛片稍稍解冻后再卷。

2. 肥牛片要尽量卷紧些。

3. 煎肥牛卷的时候要先煎封口处，这样肥牛卷才不会散开。

解馋肉香香
JIECHAN ROU XIANGXIANG

［清炖牛肉］ 素颜才是最大的自信

　　真正的美女并不需要用名目繁多的化妆品来装饰自己，素颜是她最大的自信。好的食材就如自信的美女一样，不需要太多的配料来装饰，只要一些简单的做法就能彰显让人无法割舍的美味。

- **原料** 牛肋条300克，萝卜半根
- **配料** 洋葱1/4个，姜2片，蒜2瓣，香叶2片，干辣椒2个，大料1个，花椒20粒，生抽3汤匙，盐、食用油适量

做法 ---

①牛肋条洗净，用厨房纸巾擦干后切成块；萝卜去皮，切成块；洋葱切成块。

②锅里加水，放入牛肉，大火烧开后撇净浮沫，将牛肉捞出沥水。

③重新起锅，加水烧开，放入萝卜煮1分钟后捞出。

④锅里放食用油烧热，放入洋葱、姜和蒜，中小火炒香。

⑤再将牛肉放入锅中，翻炒均匀。

⑥放入生抽、花椒、大料、干辣椒和香叶，翻炒均匀后加足量水，中火炖煮30~40分钟。

⑦最后放入萝卜块，加盐调味，炖煮15~20分钟至萝卜软熟即可。

温馨提示 ---

1. 牛肉氽水要凉水下锅。
2. 洋葱能起到去腥提鲜的作用。
3. 这里用的是绿萝卜，如果是白萝卜也可以，但是都应先用水煮一下断生，这样再下锅和牛肉一起炖煮味道更好。
4. 如果喜欢吃脆一点的萝卜，可以适当缩短炖煮萝卜的时间。
5. 绿萝卜的味道微甜，炖出来的牛肉味道更好。

解馋肉香
JIECHAN
ROU
XIANGXIANG

[卤牛肉] 居家宴客必备良品

有这样一道菜，堪称居家宴客必备良品，做好之后放入冰箱存储三四天，可以当零食吃，还可以配上主食填饱肚子，也可以当下酒菜让家里人小酌几杯，甚至在家里来客人的时候，临时装好盘端上餐桌宴客也不会丢人……这道菜就是卤牛肉！

原料 牛腱子（1条）500克

配料 冰糖5粒，大料2个，香叶1片，花椒粒20粒，干辣椒10个，陈皮5克，蒜10瓣，姜5片，小葱2根，大葱半根，蚝油3汤匙，生抽120毫升，老抽2汤匙，盐适量

做法

①锅里加清水，将牛腱子切成两半后放入锅中。

②大火烧开后再煮3~5分钟，撇净浮沫后将牛腱子捞出沥水。

③重新起锅，加大半锅清水，再将各种配料放入锅中。

④大火烧开后转中火煮10分钟。

⑤将牛腱子放入锅中，继续中火炖煮40~60分钟。

⑥关火后，煮好的牛腱子不要急着捞出，放在原汤中至少浸泡4小时。

⑦牛腱子捞出沥干，彻底放凉后切成片，装盘即可。

温馨提示

1. 最好是牛前腱，这个部位的牛肉最适合做卤牛肉。

2. 可以用纱布包或者汤料盒将花椒、陈皮、大料等调味料装起来，再放进锅里煮。

3. 用过的卤汁不要扔，滤净渣滓后用保鲜盒装好冷冻保存，下次使用时拿出来解冻就可以了。

4. 牛肉一定要彻底放凉之后再切片，否则容易切碎。

[黑椒杏鲍菇牛肉粒] 一尝倾心，此生不忘

　　很多年前在一个小店里点了一份黑椒牛柳，这是我第一次食用黑椒调味的菜。当我把裹着黑椒汁的牛柳放进嘴里的那一瞬间，就坚定地认为，牛肉和黑椒的组合太完美了，这辈子是戒不了这道菜了。

- **原料**　牛肉300克，杏鲍菇半个
- **配料**　香菜1根，姜1片，蒜5瓣，洋葱1/4个，水淀粉30毫升，黑椒酱1汤匙，蚝油1汤匙，生抽1汤匙，盐、食用油适量

🔘 做法 --

①牛肉剔去筋膜，切成2厘米见方的小块。

②切好的牛肉放入一个大碗里，再放入切碎的洋葱、姜片和香菜，用手抓匀后腌渍30分钟。

③将黑椒酱、蚝油、生抽、水淀粉和适量的盐拌匀，调成料汁待用。

④杏鲍菇切成与牛肉差不多大小的块。蒜去蒂，切成小粒。

⑤锅里放食用油，烧热后将杏鲍菇和蒜粒放入锅中油炸。

⑥炸至蒜粒和杏鲍菇表皮微焦成金黄色后捞出沥油。

⑦再将牛肉粒放入锅中，滑炒至牛肉变色且表面微焦后捞出沥油。

⑧锅里留少许底油，将牛肉粒、杏鲍菇和蒜粒倒入锅中，再将之前调好的料汁倒入锅中。

⑨转大火翻炒至汤汁收浓裹匀即可。

💧 温馨提示 ---

1. 牛肉要选择嫩一点的部位。如果实在不会挑选牛肉，可以和卖肉师傅说要买炒着吃的牛肉。
2. 牛肉先用洋葱、香菜抓匀腌渍能去腥提鲜，这个步骤不可缺少。
3. 如果家里没有黑椒酱，可以用1茶匙的黑椒粉来代替。

枣香肉香鲜香

[夫妻肺片] 名不副实的经典川味

　　川菜中有不少"名不副实"的菜，如没有鱼的鱼香肉丝，还有就是这道没有肺片的夫妻肺片。因为在市面上可以买到熟的牛肚、牛舌、牛心、牛腱，所以在自己家做夫妻肺片就变得特别容易，只要准备一碗麻辣鲜香的料汁就行。

- **原料**　熟牛心100克，熟牛肚100克，熟牛舌100克，熟牛腱100克
- **配料**　红油3汤匙，熟花生米20粒，香菜2根，小葱1根，姜3片，蒜2瓣，花椒粉1/2茶匙，白糖1汤匙，醋1汤匙，生抽1汤匙，盐适量

做法

①小葱斜切成丝，香菜切段，姜、蒜切成末。

②红油、白糖、醋、生抽、花椒粉和适量的盐拌匀，调成料汁。

③熟花生米捣碎待用。

④熟牛心、牛肚、牛舌、牛腱放在大碗里，再放入切好的小葱、香菜和姜蒜末，再淋入调好的料汁。

⑤拌匀后撒上花生碎即可。

温馨提示

1. 买生的牛心、牛肚等原料回家自己煮，将原料清洗干净后余水，然后加入葱、姜、蒜、花椒、大料等配料煮熟，晾凉切片就可以了。
2. 料汁中各种配料的比例并非固定的，可以根据自己的口味做一些调整。
3. 花生碎是增香的关键，不可缺少。

［黑椒牛排］ 左叉右刀的优雅享受

很多人关于西餐的第一次体验都源于牛排。左手叉右手刀，切开面前那块肉香扑鼻的牛排，用叉子将一小块鲜嫩多汁的牛肉放入口中，体会着肉香在口腔中萦绕的感觉；然后放下刀叉，端起酒杯，抿一口红酒，细细品味，在左叉右刀间优雅地享受，生活就是这么美好！

- 原料　牛排（牛眼肉）200克，口蘑6个，红葱头5个
- 配料　黄油10克，黑胡椒粉1/2汤匙，水淀粉30毫升，盐适量

做法

①牛排加少许黑胡椒粉、盐和红葱头腌渍20分钟。

②剩余的黑胡椒粉、适量的盐加水淀粉拌匀成黑椒汁。

③锅里放黄油，用中小火加热。

④放入切好的红葱头煎至微焦。

⑤红葱头拨到锅边，再将牛排放入锅中，转大火煎2~3分钟后翻面再煎2~3分钟。然后将牛排和红葱头盛出装盘。

⑥将口蘑放入锅中煎至微焦，然后盛出装盘。

⑦将调好的料汁倒入锅中，中小火煮至浓稠，然后淋在牛排上即可。

温馨提示

1. 牛排可以根据自己的口味来选择部位。

2. 配菜不拘于红葱头和口蘑，可以换成其他自己喜欢的蔬菜，如芦笋、西蓝花、胡萝卜等。

3. 选用市售的黑椒酱来调制料汁，味道更好更丰富。

清香四溢鸡肉美

市面上常见的鸡有以下几种

❶ 乌鸡。虽然和普通的鸡比起来，乌鸡的骨肉吃起来不那么可口，但作为大名鼎鼎的妇科千金良药"乌鸡白凤丸"主要原料的乌鸡，绝对是上好的滋补佳品。

❷ 土鸡（走地鸡）。土鸡的饲养周期较长，成熟缓慢，因此脂肪多，风味浓郁，多适用于煲汤、红烧。

❸ 普通肉鸡。这个是市面上最常见的，也是人们购买最多的一种。一般养殖肉鸡按照部位分割好，人们可以根据菜肴的需要来选购。

❹ 三黄鸡。嘴黄、爪黄、毛黄的三黄鸡是特别受欢迎的食用鸡品种之一。三黄鸡皮薄肉嫩味鲜，用来做三杯鸡、白切鸡或口水鸡都特别好。

▪ 这样吃鸡才安全

1. 买回的冰鲜鸡要在1~2日内食用。冷冻鸡也不宜在冰箱中长期存放。

2. 冷冻鸡解冻的最佳方法是自然解冻，也可以浸泡在淡盐水中解冻。

3. 鸡肉一定要烹饪至完全熟透再食用，不能为了追求口感而缩短烹饪时间。

4. 鸡臀尖上的腺体一定要彻底去掉。

JIECHAN
ROU
XIANGXIANG

解馋肉香香

清香四溢鸡肉美

　　鸡肉，既没有牛羊的腥膻和猪肉的肥腻，也没有水产的清淡，很符合中国人"中庸"的思想。但鸡肉也是很有"个性"的，老火鸡汤的鲜甜、柴火炖鸡的醇香、辣子鸡的辣爽、白切鸡的清鲜……每一道鸡肉菜都是一段难忘的味觉记忆。

对于鸡肉的某些部位称呼并不统一，如有的地方把"鸡翅根"叫做"小鸡腿"或者"琵琶腿"，所以不要纠结这里提到的称呼和你们当地的不一致，只要在菜市场能买到你想买的鸡肉部位，回到家里做出香喷喷的菜肴，这就足够了。

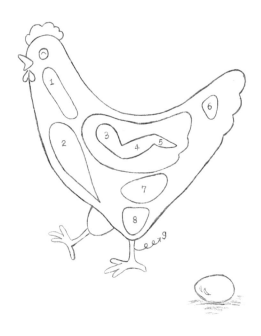

◆ 1. 鸡脖

皮比较厚，皮下脂肪中淋巴和血管较多，最好将皮完全去掉之后再烹饪。骨多肉少，肉质较嫩。适宜的做法有酱、卤、烤、炖。

◆ 2. 鸡胸肉

肉质细嫩易消化，蛋白质含量较多，脂肪含量很少。适宜的做法有炒、烧、炸，也可剁成蓉后作馅或者鸡肉丸，水煮之后撕成鸡丝凉拌等。

◆ 3. 鸡翅根

相比于翅中，翅根的皮较厚，肉质发柴，但是价格实惠，因此也比较受欢迎。适宜的做法有烤、炖和炸等。

◆ 4. 鸡翅中

肉质鲜嫩、鸡皮很薄，但皮下脂肪较多，烹制时宜少放油。适宜的做法有烤、炖、炸和煎等。

◆ 5. 鸡翅尖

骨头多、肉较少、皮较厚。鸡翅尖部位容易沉积一些在养殖过程中所注射的激素类药物，故应不吃或少吃。适宜的做法有卤、烤和炖等。

◆ 6. 鸡臀尖

又称"鸡屁股"，是鸡屁股上端长尾羽的部位，肉质肥嫩。但这个部位是淋巴腺集中的地方，积累的毒素较多，所以建议不食用。如果特别喜欢吃，在烹饪之前一定要将鸡臀尖内部的两块淡黄色的淋巴腺去除干净。适宜的做法有烤、炖和炸等。

◆ 7. 鸡大腿

鸡小腿的上部，形状近似三角形，肉多而瘦，脂肪很少，肉味香浓，且仅有一根骨头。适宜的做法有炒、炸、炖和烤等。

◆ 8. 琵琶腿

也叫鸡小腿，肉较少而筋络多，肉质脆嫩香浓，烹制之后形状很好看。琵琶腿有两根骨头，一根较粗，一个很细，也可以去骨之后再烹制。适宜的做法有烧、炖、炸和烤等。

◆ 9. 鸡爪

一般被称为"凤爪"。骨大皮多，筋多肉少，胶质很多。适宜的做法一般有卤、酱、炖和煲汤等。

兔肉香香

[糖醋鸡翅] 酸酸甜甜是恋爱的味道

　　最家常的调料——白糖和醋，赋予了鸡翅甜甜酸酸的味道，犹如恋爱的感觉。很多人觉得糖醋类的菜最难的就是调糖醋汁，其实一点都不难，记住这个万用比例就容易多了，糖、醋、生抽比例量约为 2:3:4，再根据原料的多少添加适量的水就可以了。做菜和恋爱一样，都需要用心去对待，有了"爱心"这道调料，菜肴做得不好吃都难。

- 原料　鸡翅（中）7个
- 配料　白糖2汤匙，醋3汤匙，生抽4汤匙，水4汤匙，姜2片，葱白1段，蒜2瓣

⊙ 做法 --

①锅里加水，放入鸡翅，大火烧开后再煮1~2分钟，然后把余好的鸡翅捞出，沥水待用。

②葱白切段，姜、蒜切成小块，白糖、醋、生抽和水拌匀，调成糖醋汁。

③锅里倒入食用油加热，放入葱、姜、蒜爆香。

④放入鸡翅，转中小火煎炒。

⑤煎至鸡翅两面微焦，倒入之前调好的糖醋汁。

⑥大火烧开后转中火炖至汤汁变浓即可。

☺ 温馨提示 --

1. 给肉类余水要凉水下锅。

2. 这个菜用香醋味道更佳。

3. 生抽里的盐分已经足够，所以不必额外加盐调味。

4. 最后的汤汁不需要完全收干，这个汤汁拌饭吃也很香。

[红烧鸡块] 让你放弃减肥的念头

即使有坚定减肥决心的人，心里也会存在这样一道菜，只要面对它，就会毫无抵抗力地暂时放弃减肥的决心，最家常的红烧鸡块就是我们心里的那道菜。面对色泽红润，鲜嫩入味，汤汁香浓，味道鲜咸微甜的红烧鸡块，再来上一碗米饭。减肥？吃完这顿再说吧！

- 原料　鸡腿1个
- 配料　姜2片，蒜2瓣，小葱1根，大料1个，香叶1片，冰糖4粒，蚝油2汤匙，老抽1汤匙，盐适量

做法

①鸡腿剁成块，小葱切段，姜切丝，蒜切片。

②锅里倒食用油烧热，放入葱、姜、蒜炒香。

③放入鸡块，大火翻炒。

④至鸡块变色后继续炒至鸡块表面微焦。

⑤放入生抽、蚝油、冰糖、大料、香叶和盐，翻炒均匀。

⑥加入适量水。

⑦炖煮至汤汁收浓即可。

温馨提示

1. 如果吃的人多，可以用整鸡。
2. 一定要煸炒至鸡块表面微焦，这样炖出的鸡块口感才好。
3. 做红烧菜最好使用冰糖，这样做出来的菜色泽明亮。
4. 如果喜欢颜色较深的鸡块，可以适当增加老抽的用量。

[五香熏鸡] 儿时过大年才能吃到的菜

对我而言，五香熏鸡是只有过年的时候才能吃到的美食。也许你会说："熏鸡又不是什么稀罕物，很多熟食店铺都有售啊。"其实，我想说的是过年时爸爸亲手做的熏鸡。有时候食物让人难忘的原因并非仅仅是味道本身，还有食物里所包含的制作者的情感。

🥘 **原料** 净鸡350克

🥢 **配料** 葱白1段，姜3片，蒜3瓣，大料1个，花椒10粒，香叶1片，生抽2汤匙，白糖2汤匙，茶叶1汤匙，盐适量

● 做法

①锅里加水，放入净鸡，大火烧开后撇净浮沫。

②将葱白、姜、蒜、花椒、大料、香叶、生抽和盐放入锅中，大火烧开后转中小火炖煮30～45分钟。

③炖煮至用筷子在鸡肉最厚实的地方能轻松扎透的程度，将煮好的鸡捞出待用。

④取一张大小约25厘米×25厘米的锡纸，叠成碗状放在锅里，将浸泡后沥水的湿茶叶和白糖放在锡纸上。

⑤锅里放上蒸架，将煮好的鸡放在蒸架上。

⑥然后盖上锅盖，用大火烧至冒浓烟，改小火熏3~5分钟。然后打开锅盖，将鸡翻过来，继续小火熏3~5分钟即可。

● 温馨提示

1. 如果不是嫩鸡，就需要适当延长煮制时间。

2. 熏鸡用的锅最好是旧锅或者即将淘汰的锅，因为即使垫了锡纸，还是会对锅造成损害。

3. 可以用等量的红糖代替白糖。

［煎酿鸡翅球］ 有内涵的鸡翅才够鲜美

　　现在最流行最受欢迎的就是各种"有内涵"，人要有内涵，名字要有内涵，小说漫画要有内涵，产品要有内涵，总之什么都要有内涵才好。在我看来，食物也要有内涵，尤其是我爱吃的鸡翅。也许你想问"鸡翅能有什么内涵？"注意听好喽：这道煎酿鸡翅球的内涵就是鲜美弹牙的虾胶。怎么样？这个内涵够不够吸引你？

- 🥘 **原料** 鸡翅（中）8个，鲜虾尾10个
- 🍶 **配料** 小葱半根，姜1块，蒜1瓣，白胡椒粉1/2茶匙，蚝油2汤匙，生抽2汤匙，盐、食用油适量

😀 做法 --

①用刀将鸡翅两端骨头的连接处切断，然后用手捏住一根骨头来回旋转几下，使骨头和肉分离，再旋转另外一根骨头。

②用手捏住骨头，将骨头拽出来。

③鸡翅加1汤匙蚝油抓匀，腌渍20分钟。

④姜和蒜切粒，捣成蓉。

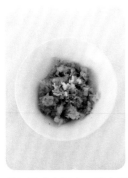

⑤虾尾剥去虾壳，挑去虾肠，用刀背剁成蓉，加入姜蒜蓉、葱花和白胡椒粉，顺着一个方向搅拌上劲。

⑥将拌好的虾胶酿在脱骨的鸡翅里，酿得六七分满就好。

⑦锅里倒食用油烧热，放入鸡翅，先将酿入虾胶的那边朝下煎至虾蓉变色定型，然后再将鸡翅表面煎至金黄。

⑧加入1汤匙蚝油、2汤匙生抽、1碗水和适量的盐。

⑨中火炖至汤汁变浓后转大火收汁即可。

🐰 温馨提示 ---

1. 给鸡翅脱骨没有想象中那么难，试过一两个之后就会变得很熟练。
2. 往鸡翅里酿虾胶的时候不要酿得过满，鸡翅在烹煮的过程中会收缩，虾胶酿得过满会溢出来。

馋香香
解肉
JIECHAN
ROU
XIANGXIANG

［花菇木耳蒸鸡］ 天下第一鲜

"菜有百味，适口者珍"，你知道在这百味中排在第一的是哪一味？在我看来，排在第一位的应该是"鲜味"。鲜味是一道菜的灵魂，无论是酸、甜，还是麻、辣，没有鲜味的衬托，就如同未点睛的龙，缺少了灵韵。

- 🥘 **原料** 鸡腿1个，水发小花菇10个，水发黑木耳50克
- 🍶 **配料** 小葱2根，蒜4瓣，姜3片，泰椒1个，蚝油2汤匙，生抽1汤匙，淀粉1茶匙，白糖1茶匙，花椒粉1/2茶匙，盐适量

📷 **做法**

①取一个深盘，将花菇和黑木耳摆在盘底。

②另取一个大点的容器，放入剁成块的鸡腿肉，再放入蚝油、生抽、淀粉、白糖、花椒粉、葱姜蒜、泰椒和盐。

③拌匀后腌渍30分钟。

④将腌渍好的鸡块均匀地铺在黑木耳和花菇上。

⑤锅内加水烧开，将装有鸡块的深盘放在蒸架上，盖上锅盖大火蒸25~30分钟即可。

🐰 **温馨提示**

1. 蒸的过程中不要给装鸡肉的深盘盖上保鲜膜或者盖子。
2. 鸡肉要铺得均匀些，不要铺得过密过紧，否则不易熟。
3. 鸡肉蒸好出锅后，可以将里面的葱、姜、蒜挑去，再撒一些新的葱花和泰椒碎，这样菜会更好看。

[豉油鸡] 大吉大利的广式招牌菜

俗话说"无鸡不成席"，过年过节宴客的时候，餐桌上总要有一盘鸡，取"大吉大利"、"吉祥"的好彩头，味鲜肉嫩的广式招牌菜豉油鸡就是一个好选择。豉油鸡做法简单，豉油也不是什么特殊神秘的调料，可以在家自制，也可以去超市买现成的豉油，有了豉油，豉油鸡的制作就毫无难度而言。

🍲 原料　净鸡（半只）400克

🥢 配料　红葱头5个，蒜5瓣，小葱4根，大葱1根，冰糖20克，姜1块，老抽2汤匙，蚝油2汤匙，生抽4汤匙，盐、食用油适量

🍳 做法

①姜切大片，大葱和小葱切成段，红葱头切块。

②取容器，将洗净沥干水的鸡放入，再放入老抽、生抽、蚝油、盐以及一半的红葱头、姜、蒜、葱拌匀，腌渍30分钟。

③锅内倒入量稍多的食用油，烧热后放入冰糖及另一半的红葱头和葱、姜、蒜，中小火炒出香味。

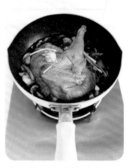

④再将鸡肉连带腌渍鸡肉的料汁一起倒入锅中。

⑤大火烧开后转中小火炖煮5分钟后将鸡肉翻面。

⑥继续炖煮至鸡肉成熟（期间用勺子将锅内的汤汁盛起，淋在鸡肉上），然后将火调大，收浓汤汁即可。

🐰 温馨提示

1. 腌渍鸡肉时要来回翻动几次，这样能让鸡肉上色均匀。

2. 确定鸡肉是否熟透，可以用筷子在鸡肉最厚实的地方扎下去，如果筷子能轻松扎透并且没有血水冒出，就说明熟了。

3. 红葱头、大葱、小葱，这三样葱各有味道，缺一不可。

4. 最好选用嫩鸡，这样口感才佳。

［蒜香烤鸡翅］ 你没吃过的辣味烤翅

烤鸡翅是最常见最简单的烤箱菜。提起烤鸡翅，人们一般会想到新奥尔良烤鸡翅。这次咱们换个口味，做一款有蒜香、微辣、咸鲜的蒜香烤鸡翅吧。至于味道，我只能说好吃，至于有多好吃就得自己动手做了之后亲口尝一尝了，肯定不会让你失望。

- 🍲 **原料** 鸡翅（中）8个
- 🍶 **配料** 小葱1根，姜2片，蒜蓉辣椒酱2汤匙，番茄沙司1汤匙，食用油1/2汤匙，盐适量

🍳 做法

①用牙签在鸡翅上面扎洞，以便于入味。

②取一个大碗，放入鸡翅，再放入蒜蓉辣椒酱、番茄沙司、小葱、姜、盐和食用油。

③将鸡翅和调味料拌匀。

④覆上保鲜膜，放入冰箱冷藏4小时以上。

⑤锡纸剪成15厘米×15厘米大小，将腌渍好的鸡翅放在锡纸中间。

⑥用锡纸将鸡翅包严。

⑦烤箱预热后将鸡翅包放入，上下火200℃烤20分钟即可。

😊 温馨提示

1. 用牙签给鸡翅扎洞是为了鸡翅入味，也可以给鸡翅打花刀，不过鸡翅烤熟之后会发生变形，影响美观。
2. 腌渍鸡翅的时间越长，鸡翅越入味，能腌渍过夜最好。
3. 蒜蓉辣椒酱有咸味，所以盐要的情减量。
4. 锡纸要包得严密些，避免在烤制的过程中汤汁溢出。
5. 鸡翅也可以不包锡纸，直接放在烤架上，不过用锡纸包的鸡翅烤好之后鲜嫩多汁，不包锡纸的鸡翅吃起来口感略干。

兜兜香香
解肉

［辣炒鸡胗］ 给亲爱的他准备一碟下酒菜吧

如果你的家人喜欢偶尔小酌几杯，那么作为小"煮"妇的你就给他们做上一两碟小菜才好，不仅能避免空腹饮酒给身体带来伤害，也能佐酒助味，给小酌增添一点趣味。香辣爽脆、多吃又不会饱肚的辣炒鸡胗就是一个不错的选择。

🍲 **原料** 鸡胗300克，洋葱半个，尖椒1个

❗ **配料** 香菜1根，郫县豆瓣酱1汤匙，熟芝麻1汤匙，姜2片、盐、食用油适量

⊙ **做法** --

①鸡胗洗净，切成1毫米厚片；洋葱切块；尖椒斜切成段；香菜切段，姜切丝。

②锅里不放油，烧热后放入鸡胗大火翻炒。

③炒至鸡胗变色后将鸡胗拨到锅四周，在锅中间倒入食用油，放入郫县豆瓣酱和姜丝，中小火炒出红油。

④然后将火调大，将鸡胗和郫县豆瓣酱翻炒均匀。

⑤再放入洋葱、尖椒、香菜、熟芝麻和盐。

⑥转大火翻炒1分钟即可。

🐰 **温馨提示** --

1. 将鸡胗放入冰箱冷冻至鸡胗变硬，就很容易切片了。

2. 翻炒过程中鸡胗会渗出汤汁，如果过多，可将渗出的汤汁倒掉。

3. 喜欢吃烧烤味的，还可以添加些孜然一起炒。

［怪味手撕鸡］在菜中体会人生百味

川菜中有一个特殊味型"怪味"，其中咸、甜、辣、麻、酸、香、鲜七味俱全，互不压味。在食用时百味杂陈，如人生百态，有成功喜悦、有失落伤心、有幸福甜蜜、有痛苦忧伤……

- 🍚 **原料** 鸡腿1个，红葱头4个，香菜4棵，麻辣花生米20克
- 🍶 **配料** 小葱2根，蒜3瓣，姜2片，大料1个，花椒10粒，香叶2片，红油4汤匙，白糖1汤匙，醋1汤匙，生抽2汤匙，盐适量

🍳 **做法** ----

①锅里加水，放入鸡腿、香叶、姜、蒜、花椒、大料和小葱。

②大火烧开后撇净浮沫，转中小火煮至鸡腿成熟，筷子能轻松扎透并且没有血水冒出。

③鸡腿捞出放凉，撕成丝待用。

④将香菜和红葱头切碎，放进大碗；花生米装进保鲜袋后用擀面杖压碎；红油、生抽、醋、白糖、盐和2汤匙煮鸡腿的汤拌匀,调成料汁。

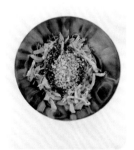

⑤将鸡肉、料汁和花生碎放入装有香菜和红葱头的大碗里。

⑥用筷子拌匀即可。

😊 **温馨提示** -----

1. 没有红葱头，可以用洋葱代替。
2. 鸡肉千万不要用刀切，手撕是好吃的关键。
3. 如果不喜吃辣，可以减少红油的分量并选择原味的熟花生米。

馋香
解肉
JIECHAN
ROU
XIANGXIANG

[**盐水鸡腿**] 鲜从咸中来

菜有百味，咸味是基础，鲜味是灵魂。有时候想要得到那一丝灵魂般的鲜味，并不需要多么麻烦的做法或繁琐的配料，只要简简单单的水煮和粗盐就可以做得到。不要急着下判断说这不可能，照着下面的菜谱试试，鲜掉眉毛可不负责！

- 🍲 **原料** 鸡腿1个
- 🧂 **配料** 粗盐3汤匙，花椒粒1/2汤匙，大料1个，蒜3瓣，姜3片，小葱1根

🍳 做法

①将大料掰碎，放入锅中，再放入粗盐和花椒粒。

②小火炒出香味，盐的颜色变深即可。

③鸡腿用厨房纸巾吸干表面的水，然后将炒好的盐趁热涂抹在鸡腿上，盖上保鲜膜，放入冰箱冷藏4小时左右。

④锅里加水，放入挽成结的小葱、姜和蒜。将腌渍好的鸡腿抖掉上面的盐后放入锅中。

⑤大火烧开后将浮沫撇净。

⑥转中火煮15分钟后关火焖10分钟。鸡腿捞出后晾凉，斩成块装盘即可。

🐰 温馨提示

1. 如果使用整只鸡来做，抹盐的时候鸡的腹腔也要抹，煮的时间也要适当延长。
2. 用先煮后焖的做法，使鸡肉更嫩。
3. 吃的时候可以配上小蘸碟，做法是葱、姜、蒜和泰椒切末，加煮鸡的原汤拌匀，然后蘸着吃。

[金沙鸡卷] 坐拥千金不露富

坐拥千金仍能保持低调的生活态度，绝对是个特别好的优点。金沙鸡卷绝对拥有这个优点，在没有切片的状态下，看到它的人都会对它毫无兴趣："不就是个蒸鸡肉卷吗？"待切开之时，你就明白，"坐拥千金不露富"这句话是对这道菜最好的描述！

🥘 **原料** 鸡全腿1个，咸蛋黄5个

🧂 **配料** 小葱2根，姜2片，蒜3瓣，蚝油2汤匙，食用油1茶匙，盐适量

🍳 **做法**

①用刀沿着鸡腿的骨头方向直切一刀，要切至骨头，然后利用厨房剪刀把肉和骨头分离开。

②将鸡腿里面的筋腱剪去或用刀切断，然后用刀背反复敲打鸡肉，使鸡腿肉变得松软平整。

③取一个大碗，放入鸡腿、蚝油、小葱、姜、蒜、食用油和少许盐。

④用手将鸡腿和调料抓匀，腌渍20分钟。

⑤锡纸放在菜板上，将腌渍好的鸡肉皮朝下铺在锡纸上，再将咸蛋黄摆在鸡腿上。

⑥然后将锡纸卷紧包严。

⑦将卷好的鸡肉放入蒸锅，大火烧开后再蒸20~25分钟。

⑧蒸好的鸡肉卷晾凉后放入冰箱冷藏至少2小时，然后拆去锡纸，切片装盘即可。

⏰ **温馨提示**

1. 给鸡腿剔骨时使用剪刀更方便，剔骨过程中一定要有耐心。
2. 腌渍鸡腿的时候一定要少加盐，因为咸蛋黄和蚝油都有咸味。
3. 鸡肉一定要冷藏之后再切，否则容易松散。

馋香
兔肉香

［板栗烧鸡腿］难以割舍的鲜香软糯

对我而言，每个季节都有必吃的菜，哪怕只是吃上一回。秋季必吃菜之一就是这道板栗烧鸡腿。与其他解馋的肉菜相比，那饱吸肉香、软糯可口的板栗早已在不知不觉间占据了你的胃。

- 🥘 **原料**　鸡腿2个，板栗300克
- 🥢 **配料**　小葱3根，蒜4瓣，姜3片，生抽2汤匙，蚝油1汤匙，白糖1/2汤匙，盐适量

😋 做法

①板栗剥去外壳待用。

②鸡腿剁成块。

③锅里放凉水，放入1根小葱，再放入鸡块，大火烧开后再煮2分钟，撇净浮沫，将鸡块捞出待用。

④重新起锅，锅里放食用油烧热，放入小葱、姜和蒜炒香。

⑤放入鸡块，翻炒至鸡块表面微焦。

⑥放入生抽、蚝油和白糖。

⑦翻炒均匀后加适量清水，再放入剥好的板栗。

⑧炖煮至汤汁收浓，加适量盐调味即可。

🐰 温馨提示

1. 剥板栗的小窍门：锅里加清水，再加入1汤匙盐。用刀在板栗的外壳上切一个口子，将板栗扔进锅里，大火烧开后再煮3分钟关火，晾凉后，板栗就很容易剥壳了。
2. 给肉类余水要凉水下锅。
3. 板栗下锅之后尽量不要翻动，以免弄碎。
4. 肉质较老的土鸡，可先将鸡肉炖至七成熟，再放入板栗。

［辣子鸡］红红火火、吉祥如意

人们总是喜欢赋予那些好吃的菜以美好的寓意，而辣子鸡的寓意是红红火火吉祥如意。满盘红火、热情、酥脆的干辣椒掩盖着外焦内酥的鸡块，让人第一时间想起的就是手拿筷子在辣椒堆里翻找鸡块的场景：翻到鸡块的时候有种找到宝藏的感觉，赶紧将鸡块放进嘴里，继续在辣椒堆中寻找下一块鸡肉。还等啥啊，赶紧去市场上买原料，自己做一盘吧。

- 原料　鸡腿1个（约400克）

- 配料　辣椒50克，麻椒15克，小葱1根，蒜5瓣，姜3片，熟芝麻1汤匙，蚝油1汤匙，生抽1汤匙，盐、食用油适量

● 做法 --

①干辣椒剪成两半后，辣椒子扔掉不用，与麻椒放在碗中，用温水浸泡10分钟。

②浸泡好的干辣椒和麻椒沥净水待用。

③将鸡腿洗净去骨切成块，放入碗中，再加入蚝油、生抽、小葱、蒜、姜、盐和少许食用油。

④抓拌均匀，腌渍20分钟。

⑤将鸡块里的葱、姜、蒜挑出不用。

⑥锅里倒食用油，烧至七成热，放入腌好的鸡块，用中火炸制。

⑦鸡块炸至表面微焦呈金黄色时捞出，沥油备用。

⑧锅留少许底油，将浸泡好的干辣椒和麻椒下锅煸炒至干香酥脆。

⑨倒入炸好的鸡块，翻炒均匀。

⑩最后撒入熟芝麻炒匀即可。

🐰 温馨提示 ------------------------------

1. 一般是用整只的三黄鸡做，不过用鸡腿做也很好吃。
2. 不喜欢麻椒的味道，可减少麻椒的用量。
3. 炒干辣椒和麻椒的时候要小火慢炒。

［香辣鸡杂］ 唯一放不下的是筷子

在某些时候，食物和时间一样，能治愈一切。面对一盘鲜香热辣、爽口可脆的香辣鸡杂，保准能让人暂时忘却失恋的难过、工作的压力、失败的痛苦……但有一样你是无论如何也放不下的，那就是筷子！

- **原料** 鸡肝4个，鸡胗6个，鸡心20个
- **配料** 豆豉辣酱2汤匙，芹菜2根，泰椒4个，洋葱半个，姜2片，蒜3瓣，生抽1汤匙，盐、食用油适量

做法

①鸡肝切成块；鸡心去掉脂肪，从中间剖开，里面残余的血块冲洗干净；鸡胗切十字花刀后再切成块。

②洋葱切丝；芹菜切段；泰椒斜切成段；姜切丝，蒜切片。

③锅里加清水，放入切好的鸡杂，大火煮开。

④撇净浮沫，将鸡杂捞出，沥水待用。

⑤重新起锅，倒入食用油烧热，再放入姜、蒜和豆豉辣酱，中小火煸炒出红油。

⑥放入鸡杂，再放入生抽和盐，转大火翻炒至鸡杂表面微焦。

⑦放入洋葱、芹菜和泰椒。

⑧继续大火翻炒均匀即可。

温馨提示

1. 鸡心里面会残留一些血块，一定要将鸡心从中间剖开，将血块冲洗干净。

2. 如果觉得给鸡胗切花刀有些麻烦，也可以将鸡胗切片。

3. 豆豉辣酱和生抽都含有盐分，因此盐要少加一点。

[菠萝咕咾肉] 秋冬季不可不吃的美味

　　虽然肉块经过油炸，不过菠萝恰到好处地解除了油炸带来的油腻感。外酥里嫩的鸡肉块，爽脆的菠萝，配上酸甜适口的番茄酱汁，绝对是人见人爱的一道菜，而且吃起来让人毫无负担。菠萝含有一种与胃液相似的酵素，能分解食物中的蛋白质，促进胃肠蠕动，帮助消化。对于想要减肥的人来说，这道菜也绝对是解馋又能减肥的大菜。

- 🍱 **原料**　鸡腿400克，菠萝200克
- ◑ **配料**　香醋1/2汤匙，白糖1汤匙，番茄沙司3汤匙，小葱半根，姜1片，蒜1瓣，淀粉30克，腌肉料（蚝油1汤匙，盐1茶匙，小葱半根，蒜2瓣，姜1块）、食用油适量。

做法

①用刀沿着鸡骨的方向深切至骨，然后将骨头和肉分开。

②将鸡肉切成2.5厘米见方的块。用腌肉料（见配料）腌渍20分钟。

③利用腌渍鸡肉的时间，将小葱、蒜瓣和姜片切成末。番茄沙司、白糖、香醋和水拌匀，调成料汁。

④将腌渍鸡肉用的葱、姜、蒜拣出不用，再将鸡肉表面均匀地裹上一层淀粉，裹好淀粉后用手将肉块攥一攥，尽量将肉块攥成圆形。

⑤锅里倒食用油，烧至八成热，将鸡肉块炸至定型后捞出。

⑥将锅里的油再次烧至八成热，鸡肉块下锅复炸至肉块表面金黄色后捞出沥油。

⑦炒锅加少许食用油，放入葱、姜、蒜末爆香后倒入料汁，中火熬至料汁变稠。

⑧将鸡肉块和菠萝块倒入锅中。

⑨快速翻炒，待鸡肉块和菠萝裹匀料汁后出锅即可。

温馨提示

1. 菠萝咕咾肉原是使用猪肉作为主料的。这里用鸡腿肉来制作，味道也很不错！而且口感更好，外酥里嫩。

2. 最好选用白醋，这样菜品的颜色更好看。不过用香醋也可以，菜品的颜色也很好。

3. 番茄沙司和糖的比例并不是固定的，可以根据个人的口味做适当增减。

4. 鸡肉块裹完淀粉后用手攥，不仅能使淀粉更牢固地裹在肉块上，而且肉块入锅炸制后不易变形。

5. 鸡肉块第一次下锅炸制是为了定型，入锅复炸是为了使肉块达到外酥里嫩的口感。

[香脆炸鸡翅] 餐桌上的国际范儿

第一次知道"炸鸡"这种食物，还是在英语的教科书上，从此就将"炸鸡"定义为"西餐"。不过现在街头随处可见，似乎又变成了最常见的中餐。而在我心里，"炸鸡"永远是有国际范儿的美食。

- 🥣 **原料** 鸡翅（中）3个，鸡翅（根）3个
- 🥄 **配料** 白胡椒粉1茶匙，黑胡椒粉1茶匙，番茄沙司2汤匙，姜1块，蒜3瓣，淀粉30克，盐、食用油适量

🍳 做法

①姜、蒜捣成蓉。

②鸡翅洗净擦干水，放进大碗里，再放入姜蒜蓉、番茄沙司、黑胡椒粉、白胡椒粉和盐。

③用手将鸡翅和调味料抓匀，腌渍2小时。

④取出腌好的鸡翅，均匀地裹上一层淀粉。

⑤锅里倒食用油，烧至六成热，将鸡翅淹没于油锅中，中火炸6~8分钟。

⑥待鸡翅表面微焦呈金黄色捞出沥油，即可食用。

😊 温馨提示

1. 鸡翅表面裹了薄薄的一层淀粉，炸好之后外皮上几乎没有面皮。如果喜欢吃厚一点的酥脆面皮，可以在蘸了淀粉之后，再放入牛奶中蘸一下，然后再蘸上淀粉，这样重复几次，炸出来的鸡翅面皮有筋道。
2. 腌渍鸡翅的时间最好长些，这样才够入味。
3. 最好使用玉米淀粉，也可以用土豆淀粉代替。

麻辣嘴香水产鲜

关于鱼

❶ 新鲜的鱼，鱼鳃鲜红，鱼眼清亮不浑浊，鱼鳞紧贴整齐，闻起来有淡淡的腥味。

❷ 无论是淡水鱼还是海水鱼，烹饪前鱼腹内的黑膜一定要去掉。

❸ 炖整条鱼的时候，要想保持鱼的形状完整，在鱼下锅之后就尽量不要用勺子来回翻动。

❹ 相比于海水鱼，有些淡水鱼的肌间刺稍多，所以老人和小孩在食用的时候要小心些。

关于贝类海鲜

❶ 鲜活的贝类，一般贝壳紧闭，壳张开时用手一触碰马上会闭合。如果壳张开很大，用手触碰没有反应的就是死贝，不宜食用。

❷ 打开壳后，颜色较黑的部位大多是贝类的内脏，这部分要去掉，不能食用。

❸ 外壳有较多寄生物的生蚝、扇贝等，在烹饪前一定要将外壳仔细地刷干净。

❹ 贝类一般生活在泥沙里，烹饪前一定要将贝类放入盐水中"养"2~4小时，使贝类吐净体内的泥沙。

❺ 贝类在烹饪时一定要有足够长的时间，彻底熟透后方可食用。

关于虾蟹

❶ 螃蟹寒凉，食用的时候最好搭配生姜、紫苏等。体寒的人要少食或者忌食。

❷ 母蟹为圆脐，九月（农历）蟹黄最满；公蟹为尖脐，十月（农历）口感最为肥美。

❸ 挑选螃蟹要选鲜活、蟹腿完整的，用手捏时饱满，不空不软，腿部关节有弹性，蟹壳与蟹脐的连接部位鼓起为佳。

❹ 螃蟹的肺、心、胃不宜食用。死蟹的体内细菌大量繁殖，食用死蟹容易中毒。

❺ 虾营养丰富，肉质鲜嫩，易消化，尤其适合老人、小孩、身体虚弱以及病后需要调养的人食用。

❻ 新鲜的虾头尾与身体连接紧密，外壳光亮发硬，肉质结实，闻起来有淡淡的腥味。

❼ 烹调前，最好将虾须、虾枪剪去，以免食用的时候扎伤嘴。虾肠里有泥沙和细菌，烹饪时要将虾肠去掉，可以用牙签从虾背第三个关节（虾头和虾身的连接处算是第一个关节）处插入，将虾肠挑出。

解馋肉香香

麻辣嘴香水产鲜

　　虽然不是生活在沿海的北方城市，可我同样对那些来自江河湖海的鲜美水产有着近乎疯狂的喜爱。对我来说每次去市场的水产摊位，都是一次愉快的"旅行"，一边盘算着要买哪一种，一边在心里想着做法，鲤鱼用来红烧，鲫鱼可以煮汤，鲈鱼清蒸最鲜美，贝类辣炒最下饭……嗯，你又钟爱哪种水产、哪种做法呢？和我说说呗！

鱼——虽然绝大多数水产摊主都会帮助买主剖杀鱼，然后去鳞去鳃去内脏，但是也不意味着买回家的鱼就可以直接下锅烹制了。要想做出来的鱼鲜香且没有腥味，下面说到的这几个部位是一定要去除干净的。

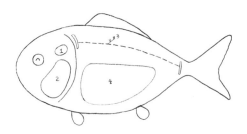

◆ 1. 鱼牙

这里说的鱼牙是指鲤科鱼类（如常见青鱼、草鱼、鲢鱼、鳙鱼、鲤鱼、鲫鱼和鳊鱼等）的咽喉齿。不同鱼的咽喉齿形状也不一样，有的呈臼齿状，有的呈梳状。一般来说，咽喉齿位于鱼鳃后部。

◆ 2.鱼鳃

虽然水产摊主会帮助顾客去掉鱼鳃，但是通常会有些残留，所以鱼买回家之后，一定要再检查一下是否有残留的鱼鳃。

◆ 3. 鱼腥线

淡水鱼的鱼腥线腥味较重，最好在烹饪前去掉。方法：先在鱼头后侧和鱼尾处各切一个口子。具体位置：一端在鱼头后侧 1~2 厘米处垂直下刀，刀口的深度约 1~2 厘米；另一端在距鱼尾 2~3 厘米处垂直下刀，切至鱼骨上方。在切口的断面会有一个"白线头"，用镊子或手指捏住那个"白线头"，一边用菜刀拍打鱼身，一边慢慢往外拉就可以了。鱼有两条鱼腥线，身体两侧各有一条。海鱼的鱼腥线腥味较淡，不需要去掉。

◆ 4. 鱼黑膜

有些鱼的腹部内侧会有一层黑色的薄膜，这层黑膜会沉积有害物质，而且黑膜的腥味很重，需要去除干净。可以用手撕，也可以用刀刮。

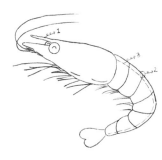

虾——相比于其他的水产品，虾算是最好处理的品种之一，但也需要经过一些处理后才能下锅烹制。

◆ 1. 虾枪

虾枪是虾头中部正中间那根特别尖利的刺，这根刺一定要先剪掉，不然在处理和食用的时候容易刺到手或者扎到嘴。

◆ 2. 虾身

虾的可食部位。图上画圈的部位是虾的第三个关节（虾头和虾身的连接处算第一个关节）。

◆ 3. 虾线

虾线是虾的肠道，位于虾的背部中间，有的颜色较黑，有的颜色较浅。去掉虾线主要有两个原因：一是虾线里面有脏东西，二是虾线味道较苦，烹饪后会影响虾的清鲜。去掉虾线的方法主要有两种：一是在虾身的第三个关节，用牙签从这个部位垂直穿过虾身，然后把牙签稍微用力地往外挑，就能将虾线挑出。二是用剪刀将虾背部的壳剪开，然后轻松地将虾线挑出。

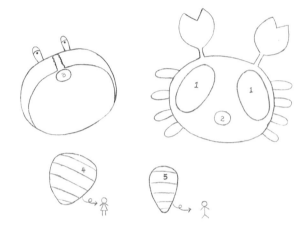

蟹——不知道你喜不喜欢吃螃蟹，反正我是特别喜欢吃螃蟹的人。不过，螃蟹可不是全身都能吃的，有几个部位是不可以吃的。下面就逐一介绍。

◆ 1. 蟹鳃

将蟹盖揭去后，蟹身两侧软绵绵的眉毛状物体就是蟹鳃，也称蟹眉毛，是螃蟹用来过滤水质的，很脏。

◆ 2. 蟹心

掀开蟹壳，在蟹身中央黑色膜衣和蟹黄之间能找到一个六角形的白色片状物，这就是蟹心，性大寒，一定要丢掉！

◆ 3. 蟹胃

蟹胃是三角形的骨状小包，里面有泥沙以及其他脏东西。蟹胃隐藏在蟹盖上的蟹黄里，食用的时候可以用小勺将蟹黄挖出，轻轻地将外面包裹着的蟹黄吮吸干净。注意哦，吮吸的时候不要太用力，以免把蟹胃弄破。

◆ 4. 母蟹的蟹脐

母蟹的蟹脐形状较为圆阔，称为团脐。在蟹脐的中间有一条连接蟹身的黑线，这条黑线是蟹肠，里面是螃蟹的排泄物，很脏。所以可将蟹脐直接掰掉，不要食用。

◆ 5. 公蟹的蟹脐

公蟹的蟹脐形状狭长，称为尖脐。因为蟹肠的缘故，同样不能食用。

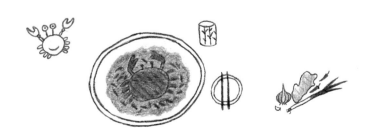

馋
解
香
肉

［剁椒蒸小黄鱼］ 无须过多修饰的美味

小黄鱼肉质鲜嫩，清蒸、清炖、油煎或挂上蛋糊油炸都是不错的做法。虽然做法各有不同，但是有一点是相同的，那就是小黄鱼都不需要过多的调味。用自家做的剁椒和鲜美的豉油做一道剁椒蒸小黄鱼，红红火火的剁椒下面是口感细嫩的小黄鱼，这味道，千金不换！

🍳 **原料** 小黄鱼（2条）400克
🥄 **配料** 剁椒3汤匙，蒸鱼豉油1汤匙，姜2片，葱白1段，食用油2汤匙

😋 **做法** ----------

①小黄鱼去鳃、去鳞、去内脏后洗净，用厨房纸巾吸干水。葱白从中间剖开后垫在盘子里，再将小黄鱼放在葱白上。

②将剁椒铺在小黄鱼上，再放上姜片。

③蒸锅加水烧开，将小黄鱼放入锅中，用大火蒸6~8分钟。

④蒸好的小黄鱼端出锅，姜片拣去不用，将盘中蒸出来的汁水倒掉，淋入蒸鱼豉油。

⑤另起锅，放食用油烧至七成热，然后将热油淋入盘中即可。

😊 **温馨提示** ----------

1. 葱白垫在盘底，这样蒸鱼的时候鱼身下面也会有热气经过，鱼更易熟且受热均匀，味道更好。
2. 剁椒和蒸鱼豉油都有盐分，所以不必额外加盐。如果口感重，可以酌量加盐调味。
3. 家里没有自制的剁椒，可以用市售的剁椒代替。

[蒜蓉蒸鲜贝] 清蒸是对海鲜的最高礼遇

　　海鲜绝对不需要复杂的烹饪方法和繁琐的调味。对于肉质肥厚鲜嫩的鲜贝来说，清蒸是对它的最高礼遇。用白白的生蒜末和金黄色的炸蒜末拌匀而成的金银蒜，是这道蒜蓉蒸鲜贝的点睛之笔，既有蒜味又不会过于辛辣。怎么样，你也试试？

🔲 **原料**　鲜贝6个

❗ **配料**　蒜6瓣，姜1块，香菜1根，小葱1根，泰椒3个，蒸鱼豉油3汤匙，食用油适量

🔘 做法 --

①用硬毛刷子将鲜贝的外壳刷干净。

②将刀子插入壳中，贴着一边的壳把鲜贝肉和壳连接的部位割断，没有肉的那边壳扔掉不用。

③将鲜贝的内脏和鳃去掉，鲜贝肉洗净沥水。鲜贝肉比较厚，改刀后放入壳中。鲜贝壳用剪刀适当修剪一下再拿来用。

④姜、蒜切成蓉拌匀，泰椒切碎，香菜和小葱切末。

⑤锅里加食用油，放一半的姜蒜末入锅炒至金黄色，稍稍放凉后和另一半生的姜蒜末拌匀。

⑥将拌好的蒜末放在鲜贝肉上。

⑦覆上保鲜膜，放入蒸锅，水开后再大火蒸 6~8 分钟。

⑧蒸好后端出锅，去掉保鲜膜，每个鲜贝上淋 1/2 汤匙的蒸鱼豉油，撒些泰椒末、葱末和香菜末。

⑨炒锅里倒食用油烧至微微冒烟，再将热油淋在鲜贝上即可。

💙 温馨提示 --

1. 鲜贝的内脏和鳃不能食用。

2. 姜蒜末生、熟各一半拌匀，这样既有蒜香也有生蒜的辛辣味。

3. 食用油要烧得够热，淋上去的时候要有刺啦声，这样可激出豉油和小葱的鲜香味。

4. 如果口味重，可在蒜末里撒些盐。

解馋肉香系
JIECHAN
ROU
XIANGXIANG

[**川香三文鱼头**] 西菜中做的完美结合

　　提起三文鱼，人们第一时间想到的就是"生鱼片"。至于三文鱼头，很多人会说："鱼头？没吃过啊。"也有的人会说："曾经吃过日本料理店里的盐烧三文鱼头。"其实，三文鱼头用中式的做法也很好吃。香辣的郫县豆瓣酱裹着胶质丰富的三文鱼头，用四川方言来说，就两个字——"巴适"。

- 🍲 **原料**　三文鱼头1个
- 🥢 **配料**　青椒3个，泰椒3个，洋葱半个，香菜1根，小葱1根，姜3片，蒜5瓣，郫县豆瓣酱2汤匙，生抽1汤匙，蚝油1汤匙，盐、食用油适量

🍳 做法

①三文鱼头去鳃，洗净，剁成块。

②青椒和泰椒斜切成段，洋葱切块，姜、蒜切片，小葱切成段。

③锅里放食用油，放入郫县豆瓣酱和切好的葱、姜、蒜，中小火煸炒出红油。

④放入三文鱼块，小心翻炒至鱼块表面变白。

⑤放入生抽、蚝油和小半碗水，翻炒均匀后转中火炖煮至汤汁收浓。

⑥再放入洋葱、青椒和泰椒，加少许盐调味。

⑦转大火翻炒1分钟后装盘，再将香菜切成段撒在鱼上面即可。

💡 温馨提示

1. 三文鱼特别容易熟，加小半碗水炖煮是为了让鱼块更加入味。
2. 鱼块易碎，翻炒的时候要小心些。
3. 郫县豆瓣酱可以换成其他自己喜欢的辣酱，如老干妈豆豉辣酱、蒜蓉辣酱等。

[鹌鹑蛋炖鲫鱼] 小身材却有大味道

鹌鹑蛋是日常食用蛋类里个头最小的，可要想让鹌鹑蛋入味也不是件容易的事。要想解决这个问题也简单，将煮熟的鹌鹑蛋用油煎（炸）一下就好了，油煎（炸）之后，鹌鹑蛋的表面就显得皱皱的，这样就特别容易入味。再与鲜美的鲫鱼一起炖煮，饱饱地吸足了鱼汤，小小的身材就有了大大的味道。

原料 鲫鱼1条，鹌鹑蛋15个

配料 香葱1根，姜2片，蒜2瓣，大料1个，干辣椒5个，花椒粉1/2茶匙，蚝油1汤匙，生抽2汤匙，盐、食用油适量

做法

①锅里加清水，加1茶匙盐，再放入鹌鹑蛋，大火煮开后再煮5分钟。

②鹌鹑蛋煮好后捞出过凉水，剥皮，晾干待用。

③将花椒粉、蚝油、生抽以及适量盐调匀成料汁。

④锅里倒食用油烧热，放入鹌鹑蛋，煎至鹌鹑蛋表面起皱，颜色呈金黄色。

⑤鹌鹑蛋拨到锅边，将鲫鱼放入锅中。

⑥鲫鱼煎至定型后再翻面煎，将香葱、姜、蒜、大料和干辣椒放入锅中。

⑦倒入之前调好的料汁，再加入适量清水。

⑧大火烧开后转中火炖20分钟左右，待汤汁收浓即可。

温馨提示

1. 煮鹌鹑蛋的时候，在水里加些盐，能避免蛋壳裂开。

2. 在入锅煎鹌鹑蛋之前，一定要把表面的水分沥干，否则容易溅油。

3. 鲫鱼可以让卖鱼的师傅帮忙清理好，回来之后用水洗净，然后用厨房纸巾吸干水。

4. 不喜欢吃辣的，可以不放或者少放干辣椒。

5. 将鹌鹑蛋煎至表面起皱呈金黄色是鹌鹑蛋入味的关键，切不可省略。

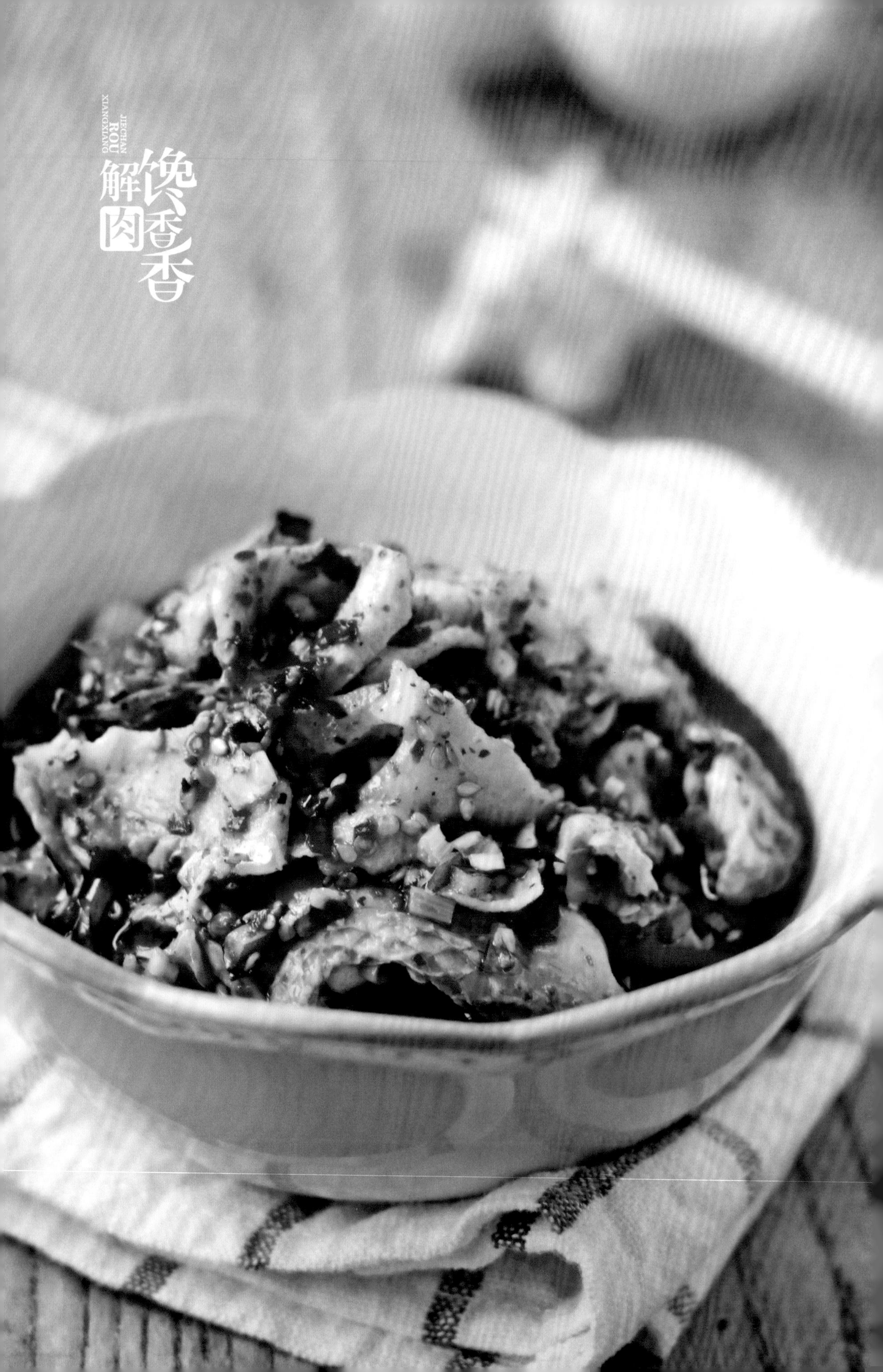
JIECHAN
ROU
XIANGXIANG
解馋肉香香

[口水鱼片] 让你口水四溢的一道菜

每个吃货的心里都存在这样一道菜的，只要让人一想起来就口水四溢。我心里也有这道菜，那就是口水鱼片。只要想到这个菜名就开始流口水——将麻辣鲜香细嫩的鱼片吃到嘴里，那绝对是止不住的口水！

- **原料** 鲈鱼 300克
- **配料** 红油100克，洋葱1/4个，香菜1根，小葱1根，蒜3瓣，姜1块，熟芝麻20克，鸡蛋清1个，淀粉2茶匙，蚝油1汤匙，生抽2汤匙，醋1汤匙，白糖1汤匙，盐适量

做法

①鲈鱼去骨削成片，装在大碗里，再放入2茶匙淀粉和蛋清液。

②用手将鱼片、淀粉和蛋清抓匀，腌渍20分钟。

③将红油、蚝油、生抽、醋、白糖、熟芝麻和适量的盐拌匀，调成料汁；葱、香菜、洋葱、姜和蒜切成末。

④锅里加水烧开，放入鱼片，余烫至鱼片成熟变色后捞出沥水。

⑤鱼片盛在盘中，将切好的葱、姜、蒜、香菜和洋葱撒在鱼片上。

⑥再将之前调好的料汁淋在上面即可。

温馨提示

1. 可以选择其他自己喜欢的鱼类，如草鱼、黑鱼、鳜鱼等。
2. 红油最好是自制的。如果不会自制，选择市售的红油也可以。
3. 料汁中各种调味料的比例不是固定的，可以根据自家口味适当调整。

[麒麟鲈鱼] 绝对拿得出手的宴客菜

每逢过年过节或者家里来客人的时候，餐桌上一定会有一盘鱼，清蒸鱼无疑是最受欢迎的。倘若觉得清蒸鱼还有些单调，那么不妨试试这道麒麟鲈鱼。将鲈鱼与几种配料切片拼盘摆放，犹如披甲麒麟，故取此名。传统的菜谱是用火腿、水发香菇和笋片来搭配鲈鱼，而这里做了些许改动。其实做菜就是这样，追求随意，没有必要去严格遵循别人的条条框框。

原料 鲈鱼800克，午餐肉100克，香菇3朵，口蘑3朵

配料 葱白1段，姜1块，红椒1块，蒸鱼豉油3汤匙，食用油2汤匙

做法

①鲈鱼剔骨后切厚片，午餐肉、香菇和口蘑分别切片。

②将鱼头和鱼骨摆在盘里。

③香菇片、鱼片、口蘑片和午餐肉片依次摆放在鱼骨上，再放上姜片和葱段。

④蒸锅加水烧开，把鱼上锅蒸6~8分钟，关火后再焖4分钟左右出锅。

⑤蒸好的鱼端出，将上面的姜片和葱段拣去不用，蒸出来的汤汁滗掉不用。

⑥在鱼身上放葱丝和红椒丝，淋上蒸鱼豉油和适量的盐。

⑦另起一锅，倒食用油烧至七成热，将热油淋在鱼上即可。

温馨提示

1. 鲈鱼可以换成其他自己喜欢的淡水鱼，如草鱼、鳜鱼等。

2. 传统做法中配料是水发香菇、火腿和笋片，这里做了些改动。

3. 午餐肉和蒸鱼豉油含有一定的盐分，不必额外加盐。如果口味重，可适量加盐调味。

JIE CHAN
ROU
XIANG XIANG
馋香香
解肉

[避风塘炒蟹] 源自水上人家的美味

台风来临的时候，渔民就会驾驶自家的渔船来避风塘躲避狂风巨浪，这道"避风塘炒蟹"就是源自避风塘的水上食肆。螃蟹是渔船上比较常见的海产，斩块后油炸，配上大量蒜蓉和面包糠入锅炒香，金黄酥脆的蒜蓉包裹着鲜美的蟹肉，你中有我，我中有你。悄悄地说一句：其实把螃蟹换成大虾也可以，做成避风塘炒虾也很好吃，做法是一样的。看了这篇菜谱你是想做避风塘炒蟹还是避风塘炒虾，就看螃蟹和大虾你更中意哪个了。

- **原料** 梭子蟹600克
- **配料** 面包糠30克，蒜1头，红椒1块，香菜1根，小葱1根，干辣椒2个，姜3片，生抽1/2汤匙，盐、淀粉适量

做法

①小葱、香菜、姜、蒜、干辣椒和红椒分别切成末。

②螃蟹刷净后去脐，掰开蟹壳，挑去胃、心和鳃，然后切成块。

③在螃蟹切口处薄薄地粘上一层淀粉。

④然后入锅炸至螃蟹八成熟，蟹壳变色后捞出，沥油待用。

⑤锅里重新倒用食用油烧热，放入蒜末、姜末、红椒末和干辣椒，炒至蒜蓉颜色微微变黄。

⑥放入面包糠，翻炒至面包糠和蒜蓉颜色金黄。

⑦放入炸好的蟹块，翻炒一下。

⑧再放入香菜末、葱末、生抽和盐，转大火翻炒均匀即可。

温馨提示

1. 蒜蓉一定要多放些才好吃，最好是用刀剁碎。
2. 这里用的螃蟹为梭子蟹，其脐、胃、心和鳃都要去掉，不能食用。
3. 炸螃蟹的时候一定要小心，螃蟹虽然粘了淀粉，可入锅之后还是会溅油的。
4. 炒蒜蓉和面包糠的时候要注意火候，千万不要炒糊了。
5. 生抽一定要少放，主要是为了提鲜，放多了会影响最后成品的颜色。

解馋肉香
JIECHAN
ROU
XIANGXIANG

[馋嘴牛蛙] 吃货妹子的最爱

馋嘴牛蛙绝对是吃货妹子的最爱。你想问为啥？听好喽：馋嘴牛蛙口感鲜嫩，味道麻辣鲜香，最关键的一点就是牛蛙高蛋白、低脂肪、低胆固醇，可以放心地敞开了吃，既不会长肉，还对身体健康有益处。

- **原料** 净牛蛙1000克，莴笋1根，洋葱1个
- **配料** 干辣椒15个，郫县豆瓣酱2汤匙，小葱1根，姜1块，蒜8瓣，麻椒粒1汤匙，生抽1汤匙，蚝油1汤匙，食用油、盐适量

做法

①牛蛙洗净后剁成块，莴笋去皮切成条，洋葱切块，小葱切成段，姜切丝。

②锅里放食用油，放入郫县豆瓣酱、姜、蒜、葱和麻椒粒。

③小火炒出红油。

④放入牛蛙块，转中火翻炒。

⑤翻炒至牛蛙颜色变白后，放入生抽和蚝油。

⑥翻炒均匀后加小半碗水，转大火炖煮3~5分钟。

⑦放入莴笋条，继续炖煮2分钟。

⑧放入洋葱，加盐调味，继续大火翻炒均匀即可。

温馨提示

1. 最好买活牛蛙，让水产摊的师傅帮着剖杀牛蛙，然后回家洗净剁成块就可以了。实在买不到活牛蛙，可以用冷冻牛蛙代替。
2. 如果对牛蛙皮不介意，可以不去掉，口感非常不错。
3. 搭配的蔬菜也可以换成别的，如黄瓜、包心菜、金针菇等。总之，想吃什么就放什么。
4. 不要因为追求鲜嫩的口感就缩短炖煮牛蛙的时间，一定要保证牛蛙完全熟，这样吃起来才够健康。

[宫保虾球] 谁说宫保的只能是鸡丁

　　一说起"宫保"这两个字，很多人会在第一时间想起那道鼎鼎有名的川菜"宫保鸡丁"。可谁说"宫保"的只能是"鸡丁"！"宫保"这个做法其实可以烹饪很多原料，新鲜脆嫩的虾仁就是一个不错的选择，尤其适合初入厨房的小"煮"妇(夫)们。

- **原料** 鲜虾仁20个，花生米1小碗，葱白5根
- **配料** 干辣椒8个，姜2片，蒜2瓣，水淀粉30毫升，花椒20粒，白糖1汤匙，醋1汤匙，生抽2汤匙，蚝油1汤匙，盐、食用油适量

做法

①花生米用温水浸泡15分钟左右，将外边的红衣剥去，沥干水待用。

②用刀将虾仁的背部剖开，挑去虾肠；处理好的虾仁加15毫升水淀粉抓匀；白糖、醋、生抽、蚝油、盐和剩余的水淀粉调匀成芡汁。

③葱白切成小段，姜、蒜切成末，干辣椒剪成小碎块。

④锅里加食用油，放入花生米，转中小火炸至花生米表面焦黄后沥干油，晾凉待用。

⑤锅里留少许底油，放入姜蒜末、干辣椒和花椒粒，小火炒香。

⑥放入虾仁和葱段，翻炒至虾仁变色。

⑦淋入调好的芡汁。

⑧芡汁收浓后倒入花生米，翻炒均匀即可。

温馨提示

1. 虾仁越新鲜越好，虾肠一定要挑去，否则影响口感。

2. 调制水淀粉的时候，掌握淀粉和水的比例在1:8左右。

3. 花生米和食用油一起下锅，在加热的过程中会有小气泡和刺啦声，待气泡和刺啦声变得几乎没有的时候，花生米就炸好了。

[酱爆鱿鱼] 意"鱿"未尽，难舍难弃

鱿鱼是人们最喜欢的海鲜之一。我隔一段时间不吃就想得厉害，而且一旦吃上就放不下筷子，吃到盘光光也还是觉得意犹未尽。新鲜的鱿鱼我喜欢白灼，冷冻过的鱿鱼鲜味大打折扣，这时候就需要味道稍重的做法，酱爆就是个不错的选择。

- **原料** 鱿鱼300克
- **配料** 洋葱半个，红椒半个，香菜1根，姜2片，蒜2瓣，豆瓣酱2汤匙，食用油适量

做法

①鱿鱼切十字花刀后再切成长方块，洋葱和红椒切块，香菜切成段。

②锅里加水烧开，放入鱿鱼，余烫至鱿鱼卷起后再煮15秒，然后捞出沥水待用。

③重新起锅，倒食用油烧热，放入姜、蒜和豆瓣酱，中小火炒香。

④放入鱿鱼卷、洋葱、红椒和香菜。

⑤转大火翻炒均匀即可。

温馨提示

1. 给鱿鱼切花刀时，要在鱿鱼的内侧下刀。
2. 豆瓣酱有足够的咸味，故不需要额外加盐。
3. 煸炒豆瓣酱的时候容易溅油，要小心些，避免烫伤。

解馋肉香香
JIECHAN ROU XIANGXIANG

［糖醋鱼块］吃鱼不吐鱼骨头

吃鱼吐刺真是个技术活，并不是每个人都能用舌头和牙齿轻松准确地将鱼肉和鱼刺分离开来的。不少人因为没有掌握这项绝技，担心自己被鱼刺扎到而放弃了吃鱼。其实并不是吃任何鱼菜都要吐鱼刺的，这道酸甜可口不需要吐鱼刺的糖醋鱼块，绝对是食鱼又害怕鱼刺者的福音！

- **原料** 去骨草鱼肉300克
- **配料** 淀粉3汤匙，姜2片，蒜2瓣，小葱1根，白糖2汤匙，番茄沙司2汤匙，醋2汤匙，生抽1汤匙，蚝油1汤匙，食用油适量

做法

①将草鱼肉斜刀切成鱼块，取一半的葱、姜、蒜切碎，放入装有鱼块的大碗里。

②用手将葱、姜、蒜和鱼块抓匀，腌渍15分钟。

③将白糖、醋、番茄沙司、生抽、蚝油、1汤匙淀粉和另一半的葱、姜、蒜末拌匀，调成糖醋汁。

④腌渍好的鱼块粘上淀粉备用。

⑤锅里倒食用油，烧至七成热时将鱼块下锅，大火炸至发白定型后捞出；待油温再次升高时，将鱼块放入，炸至金黄色后捞出沥油。

⑥锅里留少许底油，放入之前调好的糖醋汁。

⑦中火炒至糖醋汁变得稠浓且颜色红亮。

⑧将炸好的鱼块放入锅中，快速翻炒至鱼块表面均匀地包裹上糖醋汁即可。

温馨提示

1. 草鱼肉较为湿滑，操作时垫着毛巾或厨房用纸，以免割伤手。
2. 对鱼块进行复炸是鱼块外酥里嫩的关键。
3. 在炒制糖醋汁的后期需要不断地搅拌，以避免煳锅。
4. 鱼块入锅后要快速翻炒，时间过长会影响鱼块酥脆的口感。

［香辣烤虾］ 吃虾不瞎吃

　　虾的做法有很多，相比于需要剥壳的"白灼虾"，虾壳酥脆而不需要剥壳的"香辣虾"、"油焖大虾"更为人们所欢迎。不过"香辣虾"、"油焖大虾"都需要将虾过油，这样的做法让好多人大呼"太麻烦"、"油太多"。那就试试这道不需要过油，做法超简单且虾壳酥脆不腻的香辣烤虾吧！

- 原料　　大虾20个
- 配料　　小葱3根、姜1块、蒜4瓣、辣椒粉1汤匙、熟芝麻1汤匙、黑胡椒粉1茶匙、盐1汤匙、食用油适量
- 其他　　竹签20根（事先用清水浸泡30分钟）

做法

①大虾剪去虾须和虾枪，挑去虾肠。

②将处理好的虾放在大碗里，再放入切好的葱、姜、蒜和辣椒粉、盐、熟芝麻、黑胡椒粉和食用油。

③戴上厨用手套，将虾和各式调料抓匀，腌渍20分钟。

④将大虾串在竹签上。

⑤烤箱预热，用锡纸将烤箱的接渣盘包好，然后将虾摆在烤架上，中火180℃烤10分钟。

温馨提示

1. 虾须和虾枪一定要剪掉，否则腌渍时容易扎伤手。
2. 不同的烤箱温度可能有些差异，时间和温度要根据自家烤箱做适当调整。
3. 不建议用烤盘来代替烤架，用烤盘烤出来的虾不够酥脆。

[熘炒鱼片] 熘出来的是鲜美滋味

小时候家里吃鱼一般都是炖着吃，很少有炒的做法，长大后自己下厨的时候就一直惦记着要做一道炒着吃的鱼。说实话，做之前一直担心会不会好吃。鱼切片上浆，入锅滑炒，关火后赶紧夹了一块放进嘴里，心总算是放下来了。只想说：放心吧，鲜美滋味是"熘"出来的！

- 原料 黑鱼肉300克，胡萝卜1根，红椒半个
- 配料 葱半根，蒜2瓣，姜2片，蚝油1汤匙，生抽1汤匙，水淀粉4汤匙，食用油、盐适量，香油少许

做法

①姜、蒜切成末；胡萝卜切菱形片；葱从中间剖开，斜切成段；红椒去子，切菱形块。蚝油、生抽、1汤匙水淀粉、香油和适量盐拌匀，调成料汁。

②黑鱼肉削成片，加盐，用手抓捏至鱼片发黏；再分次加入剩余水淀粉，用手抓捏至水淀粉被鱼片全部吸收。

③最后再倒入1汤匙食用油，抓匀后放置10分钟。

④锅里倒食用油烧热，放入姜、蒜末，小火炒香后放入鱼片。

⑤用筷子小心地将鱼片划散，炒至鱼片表面大部分变白。

⑥将鱼片推至锅边，放入胡萝卜、红椒和葱段，炒出香味。

⑦倒入料汁，将火调大，颠匀，使料汁裹匀鱼片即可。

温馨提示

1. 先加盐是为了让鱼片能吸收更多的水分，最后加食用油能将水分封在鱼片里，这是鱼片滑嫩的小窍门。

2. 最后加油还有一个好处就是鱼片入锅后不容易粘锅。

3. 这里用到的水淀粉，其淀粉和水的比例是1:2。

4. 给鱼片上浆时已经加盐，蚝油和生抽也都含有盐分，所以在调制料汁时要酌量加盐。

5. 如果不会颠勺，可以通过来回地晃动锅子使料汁裹匀，尽量少使用铲子翻动鱼片。

[**辣炒蛤蜊**] 最接地气的海鲜小炒

每到夏夜，街边大排档里最接地气、最受欢迎的海鲜小炒就是这道辣炒蛤蜊。大火爆炒的蛤蜊香辣鲜嫩，再开上几瓶冰镇的啤酒，与三五好友天南海北地胡侃一通，也堪称是人生一大乐事。

- 🥘 **原料** 蛤蜊500克
- 🍶 **配料** 郫县豆瓣酱2汤匙，红葱头6个，香菜2根，姜2片，蒜2瓣，干辣椒15个，食用油、香油适量

🍲 **做法**

①用小毛刷洗刷蛤蜊的外壳，在清水里滴几滴香油，将蛤蜊放入其中，浸泡1~2小时，使其体内的泥沙吐净。

②红葱头切成小块，香菜切成段，姜、蒜切末。

③锅里加水烧开，放入蛤蜊。

④煮至蛤蜊壳张开后捞出，沥水待用。

⑤重新起锅，锅里倒食用油烧热，放入姜、蒜末和郫县豆瓣酱，小火炒出红油。

⑥再放入干辣椒，煸炒出香味。

⑦将蛤蜊、红葱头和香菜放入锅中。

⑧转大火翻炒均匀即可。

⏲ **温馨提示**

1. 如果蛤蜊肉上有少许泥沙，可以用筷子夹着蛤蜊在锅里涮涮，这样泥沙就没有了。
2. 没有红葱头，可以用洋葱代替。
3. 郫县豆瓣酱和干辣椒要小火慢炒，这样才能炒出香味。

［家常烧带鱼］ "家常"也是一种范儿

童年的记忆里，只有在寒冷的冬季才能吃上带鱼。带鱼的吃法也不算多，除了挂上蛋糊油炸（煎）外，就是家常烧带鱼。如同"一千个读者，就有一千个哈姆雷特"。每个孩子的童年记忆里，都有一道妈妈出品的家常烧带鱼的味道。味道各有千秋，但有一点是相同的，那就是菜肴里饱含着妈妈的爱。

- **原料** 带鱼段500克
- **配料** 小葱1根，香菜1根，蒜2瓣，泰椒1个，姜2片，白胡椒粉1茶匙，生抽2汤匙，蚝油2汤匙，淀粉1小碗，食用油、盐适量

做法

①将蚝油、生抽、1汤匙淀粉、4汤匙水和适量的盐调匀成芡汁；小葱、蒜、姜、泰椒、香菜切末；白胡椒粉和淀粉拌匀。

②带鱼段洗净，在表面切菱形花刀，用厨房纸巾擦干表面的水，放入装有淀粉和白胡椒粉的碗里，薄薄地粘一层淀粉。

③锅里倒入食用油烧热，放入带鱼段，煎成金黄色后翻面再煎。煎好的带鱼盛出待用。

④锅里的底油烧热，放入切好的葱、姜、蒜和泰椒，中小火炒出香味。

⑤放入带鱼段，翻炒均匀。

⑥倒入调好的芡汁。

⑦中火炖至汤汁变浓，然后转大火收汁，出锅前撒上香菜末即可。

温馨提示

1. 带鱼腹内的黑膜一定要去掉。

2. 芡汁事先调好，这样能避免在做菜过程中手忙脚乱。

3. 在淀粉里加白胡椒粉，这样能起到去腥提鲜的作用。

4. 煎带鱼的时候不要频繁地翻动，一定要煎好一面再翻面。

[川辣炒鱿鱼] 没说的，真是解馋又下饭

　　在物质资源较为匮乏的年代，说起解馋的菜，人们往往想到的是"肉"。而在当下，提起解馋的菜，每个人都有一个属于自己的答案。对于热爱海鲜的人来说，一碟香辣爽脆略有嚼劲的炒鱿鱼就是一个完美的答案。你的答案又是什么呢？

- 🍲 **原料**　鱿鱼400克
- 🈂 **配料**　洋葱半个，蒜2瓣，姜2片，干辣椒10个，香菜2根，香辣酱1汤匙，生抽1汤匙，食用油适量

解馋肉香香
JIECHAN ROU XIANGXIANG

● 做法 --

①鱿鱼洗净，切成条；姜、蒜切丝；香菜切成段；洋葱切丝。

②锅里加食用油，放入鱿鱼，翻炒至变色。炒好的鱿鱼盛出，滤掉汁水待用。

③重新起锅，倒食用油烧热，放入香辣酱、姜、蒜和干辣椒，中小火煸炒出红油。

④放入炒好的鱿鱼，转大火翻炒均匀。

⑤放入洋葱和香菜。

⑥再加入生抽，大火翻炒1分钟即可。

● 温馨提示 --

1. 鱿鱼体表黑色的薄膜最好撕掉。

2. 鱿鱼先干炒，这样能去掉鱿鱼多余的水分。这个步骤也可以换成用水汆烫。

3. 香辣酱选用自己喜欢的口味就可以，如郫县豆瓣酱、老干妈豆豉辣酱、蒜蓉辣酱都是可以的。

4. 香辣酱和生抽都含有盐分，所以不必额外加盐。如果口味重，可以酌量加盐调味。

锦书坊美食汇

书　名：亲切的手作美食

定　价：38.00 元

一段温暖、快乐的厨房手作时光，用双手为爱的人制作健康、放心的食物。

书　名：女人会吃才更美：
　　　　63 道美容养颜餐

定　价：38.00 元

《红楼梦》中的养颜秘方，流传千年的女人养生经，新浪人气美食博主梅依旧教你吃出由内而外的水嫩容颜！

书　名：烹享慢生活：
　　　　我的珐琅锅菜谱

定　价：29.80 元

国内首本中式珐琅铸铁锅菜谱，让简单食材华丽大变身。

书　名：溢齿留香·好菜蒸出来

定　价：38.00 元

清淡、鲜嫩、健康，简单质朴的蒸菜里蕴藏生活最本真的滋味！

书　名：臻味家宴

定　价：39.80 元

美食达人臻妈的私房家宴秘籍，用心做出一桌好菜！

书　名：绝色佳肴：点亮生活的
　　　　72 道极致美味

定　价：38.00 元

绝妙的搭配，绝色的外貌，瞬间点亮你的餐桌。